知っておきたい
単位の知識
改訂版

身近にあるけれど意外に知らない、
驚きの単位ワールドへようこそ！

伊藤 幸夫・寒川 陽美

SB Creative

著者プロフィール

伊藤幸夫（いとう・ゆきお）

岩手県生まれ。編集プロダクションを経てドキュメントコンサルタント、プランニングディレクターとして活躍。単位に関する著作は本書が4冊目。

寒川陽美（さんがわ・はるみ）

埼玉県生まれ。プログラマー、SE、パソコンインストラクターなどを経験し、現在は、岩手県北上市にある有限会社イグノス取締役。

本文デザイン・アートディレクション：クニメディア株式会社
カバー・本文イラスト：髙村かい
校正：曽根信寿

はじめに

　本書は、2008年に刊行された『知っておきたい単位の知識200』(サイエンス・アイ新書)の改訂版です。同書は10年近くにわたり、本当に多くの方に読んでいただくことができ、おかげ様でこのたびの改訂に至りました。

　改訂版でも、「文系著者による、文系読者のための単位本」というコンセプトは変わっていません。著者たちが「単位ってなんだろう」「この単位は、どういうものなんだろう」と考え、関係する事柄を調べ、理解した内容を記しています。そこに独自の解釈が加わっているので、「科学書」というより「雑学書」に近いものとなりました。

　学術的な記述は必要最小限にとどめ、単位が私たちの生活にどのようにかかわっているかということに主眼を置いて、構成しています。そのため、「理系の分野は苦手だ」と感じている方にとっても、読みやすい書籍になっていると自負しております。本書を通じて、物理や化学、歴史などに興味をもっていただけたら、とてもうれしく思います。

さて突然ですが、単位と聞いて、何を思い浮かべますか。移動中に確認したkm(キロメートル)でしょうか。それとも、体重計で見たkg(キログラム)でしょうか。あるいは、レシピサイトで目にしたmL(ミリリットル)でしょうか。学生時代の成績表を思い出した方もいるかもしれませんね。

　単位は数多くありますが、本書では約200を取り上げました。これらは、さまざまな時代に、さまざまな地域で生み出され、統一されたり組み合わせられたりすることもありました。人類史においても、偉大な発明のひとつといえるでしょう。

　といっても、人間の体や生活用品、太陽など、非常に身近なものが基準になっている単位がたくさんあります。場合によっては、土地柄や国民性が反映されていて、興味深いと感じることもあるでしょう。なんと、日本の単位が日本語のまま世界の標準となっている、匁(もんめ)という単位もあるのです。

　単位にまつわる多数のエピソードを掲載している本書ですが、改訂にあたって、「もっとおもしろい話がある」という部分は差し替えています。キログラム原器が130年ぶりに作り直されたという、単位の世界でのビッグニュースもあります。それだけでなく、内容はすべて見直し、誤解を招くような部分を書き直しました。

単位の知識を得ても、仕事での評価や試験の点数が目に見えて向上するとか、経済的な利益にすぐつながるといったことはあまりないでしょう。しかし、知的好奇心をかきたてられ、知っているとどこかで役立つことがありそうだと思います。本書が、日々の身近な発見や会話のきっかけになれば幸甚です。

●謝辞
　このたびは、前著を手に取り読んでくださった皆様、エバンジェリストとして友人や知人に推奨してくださった方々のおかげで、刊行の運びとなりました。この場を借りて御礼申し上げます。
　改訂版で編集の労をとってくださった田上理香子さん。紙面の割にやたら情報量が多いので、大変だったことでしょう。ありがとうございました。
　そして今回もイラストを担当してくださった高村かいさん。著者たちの妄想を具現化するのは大変だったと思います。原稿が手を離れると「どんなイラストを描いてくれるのか」、楽しみにしていました。そして毎回、期待以上のイラストを描いていただけました。私たち著者は2人とも、あなたのイラストが大好きです。

2017年12月　伊藤幸夫

CONTENTS

第1章 単位ってなんだろう … 11
単位があることの「シアワセ」 … 12
　〜単位があるからこそ共有できる基準〜
「数えられる量」と「数えられない量」 … 14
　〜「離散量（分散量）」と「連続量」〜
数えられない単位は、どう扱うか … 16
　〜「外延量」と「内包量」〜
比較できれば、なんでもいいのか？ … 18
　〜「個別単位」と「普遍単位」〜
単位に世界的な基準はあるか？ … 20
　〜単位系とその歴史〜
「合体する単位」なんてのもある … 22
　〜組立単位と基本単位〜
それが、単位のお約束 … 24
　〜記号の正しい表し方〜
Column 日本における単位のルール「計量法」 … 26

第2章 単位はどこからやってきた？ … 27
みんなの「必要！」から生まれてきた単位 … 28
　〜度量衡の誕生〜
太陽の大きさが基準の単位 … 30
　スタディオン
人間の体が身近なものさしに … 32
　キュービット、ダブルキュービット、スパン、パルム、
　ディジット、in、フート
「歩く」からできた単位もある … 34
　パッスス、ミリアリウム（ローママイル）、マイル（mile）
生きものの能力から生まれた単位 … 36
　ユグラム、ac、モルゲン、馬力、ゴルータ、ヨージャナ、ブカー
中国から日本へ伝わった単位たち … 38
　尺、寸、分、丈、龠、合、升、斗、斛、歩、坪、畝
独自に進化した日本の単位たち … 40
　握、掬、尺、咫、尋、常
Column 太陽と月の大きさ … 42

第3章 「長さ」や「距離」を比べてみよう … 43
まずは身近な長さの単位 … 44
　m、km、cm、mm、μm、nm、pm

知っておきたい単位の知識 改訂版

身近にあるけれど意外に知らない、驚きの単位ワールドへようこそ！

サイエンス・アイ新書

あなたのジーンズのサイズは?·············· 46
　inch(in)、yd
どれだけかっ飛ばしたらホームラン?·········· 48
　yd、ft
家の中に散在する日本の単位················ 50
　間、畳(帖)、尺、寸
もっと長く、遠く、広いものを測る············ 52
　furlong、chain、mile、nautical mile(国際海里)
日本における長さの単位と参道の石柱·········· 54
　里、歩、町(丁)、間、尺、寸、分
遠く宇宙に思いをはせる単位················ 56
　天文単位(太陽距離)、光年、pc

▶ Column　長さのよりどころ「メートル原器」········· 58

第4章　「重い」と「軽い」の境目は?········ 61

重さの「原器」の責任は重い?················ 62
　kg
「小さじ1」の重さはどれくらい?·············· 64
　g、mL、fl oz
ワインの量は、国によって基準が違う?········ 66
　t、Mg
女性が愛情を量る単位?···················· 68
　carat、karat
日本独自の単位·························· 70
　尺、貫、匁(文目)、分、厘、斤
体重の「$\frac{1}{10}$」が目安となる単位?············ 72
　lb、デベン、キテ、ounce(oz)
目いっぱい軽いものも量れる単位············ 74
　gr

▶ Column　「魂」の重さは$\frac{3}{4}$オンス?············· 76

第5章　「広さ」と「量」、そして「角度」を表す単位········ 77

農家の常識?　面積を表す多彩な単位·········· 78
　坪、分、町(丁)、反(段)、畝、歩、合、勺、ha、a
ヤード・ポンド法を使用する国の人はのんき?···· 80
　m²、ac
気になるガソリン価格、気にならない原油の単位(?)··· 82
　barrel、gallon、L

CONTENTS

和食を支える容量の単位? ……………………… 84
　升、合、勺、斗、石
あなたの車の排気量は? …………………………… 86
　cc、cm³、L、cu.in.
温度? 時間?…いえ、角度の単位です ………… 88
　度、分、秒、gon、grade、gradian
仲よくケーキを分けられる単位? ………………… 90
　rad、sr、台、切(ピース)、号、本

> Column ▶ 日本でしか通用しない
> 「東京ドーム」という単位 …………………… 92

第6章　現代人が気になる? 「時間」と「速度」の単位 …… 93

あなたの時計は正確ですか? ……………………… 94
　JST、UTC、GMT
1年は365日と6時間? …………………………… 96
　ユリウス暦、太陽暦(グレゴリオ暦)、太陰暦
まばたきするより短い時間? ……………………… 98
　ms、μs、ns
地球の重力を振り切って宇宙に飛び出す速度!? … 100
　km/h、ノット、海里
回転数でなにがわかる? ………………………… 102
　rpm、rps

> Column ▶ 中世の時計は針が1本だけだった ……… 104

第7章　「エネルギー」にまつわる単位 …… 105

ワットは蒸気機関を発明したのか? …………… 106
　kW、W、J
イギリスの馬は力もち? ………………………… 108
　馬力、ft-lb、HP、PS
ジュールは働き者? ……………………………… 110
　J、N、erg
食料自給率の計算にはカロリーが使われる …… 112
　cal、kcal
エネルギーを生み出す発電所 …………………… 114
　W、Wh、kWh
台風のエネルギーは日本の電力50年分!? …… 116
　m/s、風力階級
地震エネルギーの単位は? ……………………… 118
　震度、M

> **Column** 風力エネルギーで大活躍するヒーロー、仮面ライダー ……………… 120

第8章 目には見えない「音」と「温度」を表す単位 …… 121

なぜ音が聞こえるのか？ …………………………… 122
　dB、phon、sone

音をどれだけ遮れるか …………………………… 124
　D値、T値、L値、NC値

電波は聞こえない振動 …………………………… 126
　Hz

あなたの音域は？ …………………………… 128
　オクターヴ

絶対的な温度って…？ …………………………… 130
　K

「セルシウス度」とは？ …………………………… 132
　℃、centigrade、℉

> **Column** 音叉が望遠鏡のゆがみ調整に？ …………………………… 134

第9章 いろいろな「光」を表す単位 …… 135

ロウソクの明るさが基準 …………………………… 136
　cd、cp、燭、gr、lb

光が当たっている場所の明るさを表す …………………………… 138
　lx

人間の目に見える光の量を表す …………………………… 140
　lm

どれだけ明るく見えるかを表す …………………………… 142
　cd/m^2、nt、sb

夜空の星の明るさを表す …………………………… 144
　等級

カメラのレンズ、その明るさを表す …………………………… 146
　F値

眼鏡の度数を表す …………………………… 148
　D

> **Column** 灯台のレンズ 〜フレネルレンズってなに？〜 …………………………… 150

第10章 君の名は…単位 …… 151

万有引力の発見者は加速度的に名を上げたのか 152
　N

CONTENTS

使い方をよくよく考えるべき単位 ……………………… 154
Bq、dps、Ci、GBq
この人には、なんでも見透かされてしまうかも …… 156
R、C/kg
みんな電気屋さんですか？ ……………………………… 158
A、V、C、Ω、W
日本にいるかぎり縁が切れない単位 ………………… 160
gal、mgal、ls

> Column 日本人でも意外に知らない
> F-Scale（エフスケール）の父、藤田哲也 … 162

第11章 そのほかの単位 ……………………………………… 163

「十把一絡げ」の単位 ……………………………………… 164
ダース（打）、グロス、グレートグロス、
スモールグロス、カートン
自分の体で測定したくはない単位 ……………………… 166
rad、Gy、Sv、rem、mSv
イチゴとレモンの糖度は同じ？ ………………………… 168
°Bx、％、度
「そんな小さな！」という単位たち …………………… 170
割、分、厘、毛、％、‰、ppm、ppb、ppmv、ppbv、ppt
「経済の単位」と呼べるかも …………………………… 172
日本円、米ドル、ユーロ、英ポンド、スイスフラン
見えないものを数える、6番目のSI基本単位 ………… 174
mol
ある日突然、使われなくなった圧力の単位 ………… 176
mb、hPa、Pa
通信量の単位 ……………………………………………… 178
GB、B、kB、MB、Mbps、MB/s

> Column マグロの単位？
> 匹、本、丁、塊、柵、切、貫 ……………………… 180

付録　国際単位系（SI）の例 ……………………………… 181

> Column 単位を便利にする「接頭辞」 …………………… 185

本書に登場する単位の例 ……………………………………… 188
参考文献 ………………………………………………………… 191

第1章

単位ってなんだろう

本書では、さまざまな単位を取り上げます。単位は私たちの日常に溶け込んでおり、「そもそも『単位』とはなんなのか?」などと考えることは、なかなかありません。そこで、まずは単位とはなにかについて、考えてみることにしましょう。

単位があることの「シアワセ」
〜単位があるからこそ共有できる基準〜

　私たちの身の回りには、物心ついたときから単位というものが存在し、無意識のうちに活用しています。そのため、単位を使わずに誰かに大きさや長さ、距離、重さ、濃さなどを伝えたり、反対に見聞きして、それを正しく理解することは非常に困難です。

　料理の本やレシピサイト（レシピアプリ）などでは、食材や調味料をどれだけ使用するのかが明記されています。これは、おいしい料理をつくるうえで欠かせませんね。

　たしかに「塩コショウで味を調える」といった抽象的な記載もありますが、もし単位がなかったら、予備知識がない人がつくった料理は、とんでもない味つけになってしまうかもしれません。

　これは身近な例ですが、よく考えると単位は、社会の中で平等性や安全性を確保したり、安心して生活するために欠かせないものであることがわかります。「1kg」といえば、それはフランスはもとより*、アメリカでも日本でも同じ重さです。これが国により異なるようでは、取り引きの際にその都度換算を行わなくてはならず、かなり不便です。単位の中にはお金の価値を示すものもありますが、これらは経済と密接に関連するためか、現在でも統一されておらず、為替レートというものにもとづき換算されます。

　これ以外に、同じ単位でも国ごとに基準が異なるもの、その単位が使われる場所によって基準が異なるものもあるのですが、これらは本書の中で徐々に明らかにしていくことにしましょう。

　まずは単位が「ものを正確に計測し、比較できるようにするためのものであり、比較する対象に応じて、さまざまな単位が存在する」ということを、ここで確認しておきましょう。

*フランスと重さの基準について、くわしくは62ページ参照。

第1章 単位ってなんだろう

➡ もしレシピで単位が使えなかったら

「数えられる量」と「数えられない量」
～「離散量（分散量）」と「連続量」～

　前項で述べたように、単位は数や分量を示す指標となるものなので、数えて使うものということになります。その対象となる長さや量を表すのに便利な道具が、単位ということになるでしょう。

　しかし、長さや量には、数えられるものと数えられないものとがあります。そこでどのようなものがあるかについて、個別の単位を見ていく前に、まとめておくことにしましょう。

　まずは身近な例として、人数、ボールペンの数、家の数などについて考えてみます。これらは数えることができるもので、それぞれ「人」「本」「戸」という単位で表されます。このように数えることが可能で、多いか少ないかを比較できるものを離散量または分散量といいます。

　これに対して「数えられない量」というものもあります。気体の量や雨の量、湖や沼地の水量などです。気体ならば、スキューバダイビングで使用するボンベのように、一定の容器に入れることで、その中に含まれる物質の質量や密度を比較できます。雨の量なら、一定の条件に従って作成した容器を複数の地域に設置し、その容器にたまった水の量を測定することで、比較が可能となります。しかし、これらは便宜上そうすることで量ったり比較しているだけで、それが正確かというと、決してそうであるとはいいきれないでしょう。

　気体や液体のほか、砂糖や塩、小麦粉などは、その粒を数えることが可能ですが、実際にそれを行うのは著しく困難です。こうしたものを連続量といいます。連続量を比較するには、上記のボンベのように、基準となる量を仮に「1」とします。そしてこれに

単位となる名前をつけ、以降はそれがいくつあるかを示すことで、分量を知ったり、比較するというわけです。

➡ 数えられる「離散量（分散量）」

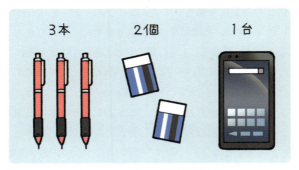

3本と2個と1台 ……「離散量」

➡ 数えられない「連続量」

降水量や川の水量、空気は数えられない…「連続量」

数えられない単位は、どう扱うか
～「外延量」と「内包量」～

　前項で、量には数えられるものと数えられないものがあることについて述べました。このうち「数えられないもの（連続量）」は<ruby>外延量<rt>がいえんりょう</rt></ruby>と<ruby>内包量<rt>ないほうりょう</rt></ruby>に分類されます。これらは、文字を見るとなにやら難しそうですが、実際はそうでもありません。

　外延量とは、要するに「足し算ができるもの」になります。たとえば長さ（距離）、重さ、時間、面積、体積などです。これらは、みな2つ以上のものを足すことができ、足すことにより、全体の大きさや広さ、長さを知ることができます。その名のとおり「外側に延びていくもの」なので、足し算ができるのです。

　一方、内包量とは「足し算ができないもの」で、温度や密度、速度、濃度などがこれにあたります。たとえば「2日間の気温27℃と28℃を足して気温55℃」なんてことは、計算することはできるものの、意味がないことですね。内包量は、いうなれば強さの度合いを表すものなので、足し算によりその程度を表すことは適切ではありません。内包量は多くの場合、2つの外延量を掛けたり割ったりすることで得られます。たとえば、距離を時間で割ると速さが得られ、重さを体積で割ると密度になります。このようにものや運動に含まれていて、そこから分量を割り出すので、内包量と呼ぶようです。

　さて、こうした計算をどこかでやった記憶はありませんか。そう、小学校の算数で学んでいます。実は前項の離散量と連続量、本項の外延量と内包量というのは、<ruby>遠山啓<rt>とおやまひらく</rt></ruby>氏、<ruby>銀林浩<rt>ぎんばやしこう</rt></ruby>氏らにより考案され、日本の小学校教育で広く使われている量の概念です。ただし、これらは1つの分類方法であり、すべて明確に分類でき

第 1 章 単位ってなんだろう

るわけではないということを、遠山、銀林両氏が述べています。「そういうふうに分類できるんだな」という程度に理解しておけばよいでしょう。

➡ 足し算の「外延量」

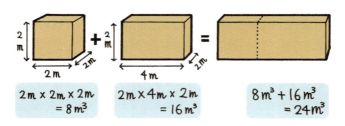

体積の単位（m^3 立方メートル）は足し算できるから「外延量」

➡ 掛け算、割り算の「内包量」

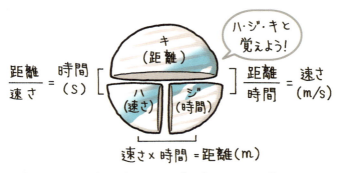

速さの単位は距離と時間の割り算で求められるから「内包量」

比較できれば、なんでもいいのか？
～「個別単位」と「普遍単位」～

　単位の基本は「もとになるものを決めて、それが、どれくらいあるか」を知る基準とすることです。そうすることで、複数のものを客観的な基準で測ることができます。

　賃貸不動産物件を借りるにあたり、東京では最寄り駅からの距離というのが1つの価値基準となります。ところが「○○駅から徒歩○分」と書かれてあっても、実際に歩いてみると、それより長い時間を要することは少なくありません。これは、基準となる歩く速度が人により異なることもありますが、なにも「不動産会社勤務の人は歩くのが速いから」という理由ではありません。実際に「徒歩1分＝80m（時速4.8km）」という基準があり、距離という基準により、複数の物件を比較しているのです。

　しかし、駅から物件までにある階段や坂道、信号待ちの時間は加味されていません。そのため、現実の所要時間とは食い違うこともあるわけです。このように基準が一定とはいえないため、直接比較できない単位を**個別単位**といいます。

　これに対して、高速道路を時速80kmで走行する場合、どのメーカーの自動車であれ車種がなんであれ、1時間後には80km先に到達することができます。これを表すには「km/h（キロメートル毎時）」という単位を使用しますが、こうした直接比較できる単位を**普遍単位**といいます。

　日本では「畳（帖）」[*]という単位があり、これにより不動産における室内の広さが表されます。しかし、同じ1畳でもいくつかの種類があり、それぞれ大きさが異なるので、普遍単位といえるかは微妙なところです[**]。

　[*]「畳（じょう）」という単位について、くわしくは 50 ページ参照。
　[**] 畳の種類を特定すれば「普遍単位」といえそうだ。

➡ 比較できない「個別単位」

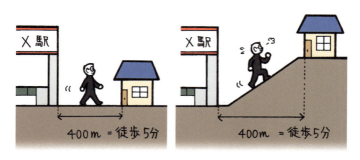

この比較はちょっと厳しい

➡ 比較できる「普遍単位」

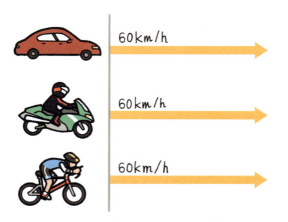

種類が違っていても比較できる

単位に世界的な基準はあるか？
～単位系とその歴史～

　単位は、複数のものを比較するためのものなので、誰もが共通の認識をもちながら使用できるものでなければなりません。

　そこで1791年、フランスにおいて、地球の北極点から赤道までの経線の距離の千万分の1を「メートル」という長さの単位とすることが決定されました。北極点から赤道までの経線の距離を基準としたのは、国際的な単位とするため、各国の気候や文化などに影響を受けない共通性のあるものにするためだったということです。

　しかし、長さの単位として「m(メートル)」を使用しつつ広さの単位で「坪」を使う、といったように、共通性のない単位を扱うと、換算が必要になるため、めんどうですね。そこで、広さの単位としては「m²(平方メートル)」、体積の単位としては「m³(立方メートル)」を使用するといったように一貫性のあるものを考えました。こうした一貫性のある単位群を<u>単位系</u>と呼びます。

　こうした動きは、フランスに続きドイツやイギリス(スコットランド)でも始まり、cm(センチメートル)、g(グラム)、s(秒)を基本単位とする「CGS単位系(CGS電磁単位系／CGS静電単位系／一般CGS単位系)」、m、kg(キログラム)、s(秒)を基準とした「MKS単位系」をはじめ、多くの単位系が生まれました。しかし、それぞれに共通性がないため、さまざまな不都合が生じることになりました。

　そこで、1954年の第10回国際度量衡総会において、MKSA単位系をもとに国際単位系(SI)として決まったものが、現在の国際単位の基準となっています。しかし現在でも、メートル法を採用していない国があるようです。アメリカ*、リベリア、ミャンマーの3か国です。これらは、独立性がある国…ということでしょうか。

*1875年にメートル条約の調印は行っており、徐々に移行が進んではいるが、現在でもヤード・ポンド法が一般的に使用されている。

第1章 単位ってなんだろう

➡ 単位の歴史（抜粋）

年度	世界の動き	日本の動き
1791年	フランスにおいてメートル法が制定される	
1875年	5月20日に17か国が参加した国際会議でメートル法への統一が決議される（メートル条約の締結へ）	
1885年（明治18年）		10月、メートル条約に調印
1889年	第1回国際度量衡総会が開催され、メートルとキログラムの国際原器が承認される	
1890年（明治23年）		4月、メートル原器、キログラム原器が日本に到着
1891年（明治24年）		度量衡法が制定され、尺貫法とメートル法が併用されるようになる
1921年（大正10年）		4月11日、メートル法を基本とする改正度量衡法が公布される
1946年	国際度量衡委員会においてMKS単位系にA（アンペア）を加えたMKSA単位系が承認される	
1948年	第9回国際度量衡総会において国際単位系(SI※)が提起される	
1951年（昭和26年）		6月7日、尺貫法が廃止されるとともにメートル法が導入され、一般の商取引においてメートル法を使用することになる（公布日の6月7日が「計量記念日」に）
1954年	第10回国際度量衡総会において、長さ、質量、時間、電流、熱力学温度および光度の単位が実用単位系の基本単位として採用される	
1960年	第11回国際度量衡総会において1954年に採用された基本単位を国際単位系（SI）という名称とすることが決議される	
1971年	第14回国際度量衡総会において、物質量の基本単位「mol（モル）」が追加される	
1974年（昭和49年）		国際単位系（SI）を日本工業規格（以下JIS）に導入する方針が決まる
1991年（平成3年）		JISが国際単位系(SI)完全準拠となる
1993年（平成5年）		11月1日、新計量法が公布される（施行日の11月1日が現在の計量記念日となる）

※フランス語表記の「Systèe International d'Unités」を略したもの。フランス語では「エスイー」という発音になるが、日本では英語発音にもとづく「エスアイ」と呼ぶのが一般的。

「合体する単位」なんてのもある
～組立単位と基本単位～

　単位は、比較対象とするものごとに適切なものを用意すべきです。「1個、2個」や「1つ、2つ」というのは、適用する場面が多いのですが、箸を数えるような場合には、1組なのか1本なのか判断がつかないことになります。ここで「膳」などの単位を使用すれば、それが2本で1組だと容易に判断がつきます。

　しかし、単位は多ければよいというものでもありません。単位の数が増えれば、それぞれの単位を正しく理解して使い分けるのが大変になってしまいます。そこで単位を、1つ2つ覚えて応用すると、別の意味をもつ単位として使用できるようになっています。これを<u>組立単位</u>と呼びます。

　国際単位系（SI）では、<u>基本単位</u>と呼ばれる、単位の中心となるものが決められています。すなわち、m（メートル＝長さ）、kg（キログラム＝重さ）、s（秒＝時間）、A（アンペア＝電流）、K（ケルビン＝温度）、mol（モル＝物質量）、cd（カンデラ＝光度）の7つです。

　この中で、もっとも身近なm（メートル）を考えてみましょう。単独では長さを表しますが、縦の長さと横の長さを組み立てると面積の単位、さらに高さを組み立てると体積の単位がつくれます。

　ただし、複雑なものを示す単位を表す際には、複雑な表記になってしまいます。でも、心配することはありません。表記が複雑になってしまうものについては、容易に記述できるものに置き換えられるのです。たとえば、仕事量（エネルギー）を表す単位をSIの基本単位で表すと「$m^2 kg\ s^{-2}$」なんて複雑なものになりますが、これを「N*m」（ニュートンメートル）と記述することもできますし、もっと簡単に「J**」（ジュール）と記述することもできるのです。

　　＊「N（ニュートン）」という単位についてくわしくは、152ページを参照。
　＊＊「J（ジュール）」という単位についてくわしくは、110ページを参照。

第 1 章 単位ってなんだろう

➡ 単位を組み立てて、別の単位がつくれる

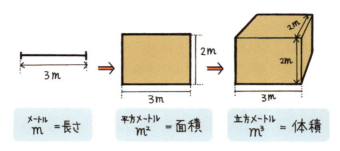

➡ 国際単位系における7つの基本単位

それが、単位のお約束
〜記号の正しい表し方〜

　単位は、その表記についても共通性が必要です。本章冒頭で述べたように、私たちは無意識に単位を活用しており、記述にあたっても特別な注意を払うことはまれです。しかし、共通認識として単位を使用するためには、その表記にも配慮が必要となります。

　たとえば、広く一般に使用される単位に「m」がありますが、これは、アルファベットの小文字、しかもローマン（立体文字）で記述するものとされています。同じローマンであっても、大文字で「M」とすると「メガ」という接頭辞（185ページ参照）になりますし、小文字であってもイタリック（斜体文字）で「m」とすると、質量を表す記号を意味することになってしまいます。

　ただし、容量を示す「リットル」は「l」なのですが、数字の1やアルファベット大文字のIと見間違えるためか表記は大文字でもよく、むしろ大文字の使用が推奨されているので、「ご都合主義」という印象もありますが…。

　なおリットルには、よくイタリックの「ℓ」や「l」が使われていましたが、現在は推奨されないケースが多く、前述の「L」の使用が増えています。

　また、人名がもとになっている単位で記号を使用する場合には、必ずアルファベットの大文字を使用します。反対に正規のつづりで記述する場合には、すべて小文字を使用します。ニュートンの名前は単位としても使われますが（152ページ参照）、この場合、記号では「N」、正規のつづりでは「newton」とします。

　しかしここでも例外が。人名であるオームのつづりは「ohm」であり、記号としては「O」となりそうなものですが、慣習でΩが使

用されます。ちなみに、単位というより尺度なのですが、地震のエネルギー規模を示すマグニチュードにも意外なお約束があります。普通に「M」と記述するのが正しそうですが、イタリックで「M」と記述するのが正解です。

➡ 単位の記述方法

日本における単位のルール「計量法」

　日本では、経済産業省の所管となる「計量法」という法律により、商取引などに使える単位が決められています。計量法が定められたのは1951（昭和26）年で、それまでに使用されていた度量衡法を改定したものです。この法律では、単位を統一するために「尺貫法」や「ヤード・ポンド法」を廃止すると明記されていました。しかし、すでに慣習で使用されている単位を変更することは、商取引の混乱を招いたり、安全性を損なう可能性があるため、「海里」や「mb」**など特殊用途の単位は、厳しく規制はするものの、継続使用が許可されていました。その後、1992（平成4）年に、国際単位系（SI）への統一に向けて大きく改定され、それまで使用されていた非SI単位は、期限つきで廃止されることになりました。現在でも広く使われる「cal」も本来は「J」にすべきなのですが、人や動物の栄養摂取や代謝により消費する「熱量」を表す特殊用途の単位としては、使用が許可されています。

　さて、計量法に違反すると50万円以下の罰金に処せられる…となっています（計量法第173条）。第3章で取り上げますが、テレビの画面サイズは「in」で、仕様には「46型」などと書かれています。「型」は国際単位系（SI）ではないのですが、「テレビメーカーが罰金を取られた」なんて話は聞いたことがありません。

　そこで経済産業省の計量行政室に尋ねたところ、「テレビの画面サイズを表す『型』は製品の種類や規格を表すものであり、計量単位ではない」ので、計量法の対象外となっているということでした。納得…。

* くわしくは、28 ページ参照。度量衡法については、54 ページ参照。
** くわしくは、176 ページ参照。

第2章

単位はどこからやってきた?

私たちの生活になくてはならない「単位」ですが、いったいどのようにして生まれてきたのでしょうか。本章では「単位」のそもそもの始まりや、その歴史について見てみます。

みんなの「必要!」から生まれてきた単位
～度量衡の誕生～

　大昔、人間は狩りをして暮らしていました。初めは勘を頼りに狩りをしていたのでしょうが、あるとき、動物が決まった時期に移動することに気づきます。旧石器時代には、動物が移動する習性を知ったうえで、狩りを行っていたことがわかっています。彼らは動物が移動する時期を知るために、月の満ち欠けや太陽の動きから昼や夜の数を数えたのではないでしょうか。そして、狩りの獲物を分け合ったり分配したりするためにも数えることが必要だったのでしょう。このように、コミュニケーションに必要な言葉のほかに、数えるという行為も生まれました。

　やがて、地球の温暖化が始まったこともあり、移動しながら狩りをしていた人類は、決まった土地に住んで、狩りよりも効率がよい農耕や牧畜を始めることになります。

　最初は土に穴を掘って柱を立てて、屋根を葺いた家に住んでいたようですが、そのうち、柱を一定の間隔で並べると雨や風に強くなることに気づきます。そしてその長さを測るようになったことから、長さの単位が生まれたそうです。

　また、農耕や牧畜をより効率的に行うために、共同作業が行われました。耕す場所の割りあてを決めて、その広さごとに収穫の配分を決めるということになれば、当然土地の広さを測る必要があるでしょう。最初に面積が計測されたのは耕地だったようです。耕地の周りを歩いて広さを調べました。

　次第に集落が形成され、ほかの集落との交流も行われたことでしょう。物々交換をするにしても、やはりなんらかの基準が必要となります。

第 2 章　単位はどこからやってきた？

　このように、長いか短いか、大きいか小さいか、重いか軽いかなどを比較し、数値で表して基準としたものが単位の始まりでした。この長さ、容積、重さは、度量衡*という言葉のもとになっています。度量衡とは、いろいろなものを計測する単位や、それを計測するための器具などのことを指す言葉です。

　大昔に長さ、容積、重さから始まった基準も、いまでは必要に応じてさまざまな単位が存在しています。人間が集団生活をしていくうえで必要となり、発明された基準が単位なのです。

* 「度」が長さ、「量」が容積、「衡」が重さを指す。

➡ 度量衡は計測単位や計測器具を指す

太陽の大きさが基準の単位
スタディオン

　地球から見て、太陽がその直径サイズ分、移動するのにどのくらいの時間がかかるのかご存じですか。たとえば、太陽がビルの陰に隠れ始めてから、全部隠れてしまうまでの時間ということです。これには、約2分かかるそうです。地球から見た太陽の直径(視直径)は、角度で表すと約0.5度(より細かくいうと約32分)になります。1日つまり24時間(=1,440分)で太陽が地球の周りを1周すると考えると、1周は360度ですから、計算すると1,440分÷360度×0.5度=2分となり、なるほどたしかに2分なのですね。

　古代の人たちは、太陽がその直径分だけ移動する時間を使って距離を決めました。地平線から太陽が見え始めたときに太陽に向かって歩き始め、太陽が全部見えるまでに歩いた距離を測ったのです。

　この距離の単位を**スタディオン**といい、現在の長さでは、約180mになるそうです。2分間で約180mということは、時速にすると約5.4kmということになります。私たちがふだん歩く速度は時速約4kmといわれているので、古代人はかなり歩くのが速かったようですね。

　さて、古代オリンピックの競技場では、1スタディオンの長さの直線コースがつくられました。1スタディオン、つまり約180mということなのですが、競技場にはスタートとゴール地点に石のラインが引いてあり、その間を測定してみると…実は場所によって1スタディオンの長さが微妙に違うようです。当時はそれくらいの違いは誰も気にしなかったのか、それとも気づいていなかったのか、いまとなってはわかりませんが。

第2章 単位はどこからやってきた?

ともあれ、最短の競技距離が1スタディオンだったわけです。そして、そのことから競技そのものをスタディオンと呼ぶようになり、さらに競技を行う場所を指す「スタディアム」という言葉が生まれたそうです。

*1分は1度の $\frac{1}{60}$。くわしくは88ページ参照。

➡ スタディオンは約2分間に歩く距離

場所によってスタディオンの長さは微妙に違います

アテナイ	184.96 m
デルフォイ	178.35 m
オリュンピア	191.27 m
エピダウロス	181.30 m

人間の体が身近なものさしに
キュービット、ダブルキュービット、スパン、パルム、ディジット、in、フート

　私たちにとってもっとも身近なものである、人間の体を基準にした長さの単位がありました。

　長さの単位の起源とされているのが、キュービットという単位です。キュービットはひじの先から中指の先端までの長さで、その当時の王の腕が基準になっていました。当然、王が変わると基準となる長さは変わってしまったでしょう。それでもキュービットは古代オリエントの国々では長さの基本的な単位であり、ピラミッドなどの建築はキュービットを基準にして行われたそうです。この単位はギリシャ・ローマ時代を経てヨーロッパに広まり、19世紀ごろまで長い間使われていました。

　また、キュービットを2倍にしたダブルキュービットという単位は、「yd（ヤード）」のもとになったといわれています。1m（メートル）も、実はダブルキュービットを意識しての長さという説もあります。それだけキュービットは重要な基準だったのです。

　ほかにも、手のひらを開いた幅はスパンと呼ばれ、キュービットの半分の長さのことでした。そしてスパンの3分の1の長さにあたる、親指以外の指の幅はパルムと呼ばれ、さらにパルムの4分の1、つまり指1本分の幅はディジットと呼ばれていました。このディジットは、コンピュータなどで使われている「デジタル」の語源とされています。残りの親指の幅はin（インチ）と呼ばれ、この単位は現在も残っています。

　また、手だけではなく足の幅も単位になっていてフートと呼ばれています。フートの複数形*が「フィート」で、現在は30.48cm（センチメートル）と定義されています。

第 2 章　単位はどこからやってきた?

人間の体を基準にした単位は、現在までつながっているものが多そうです。それだけ身近な単位ということなのでしょうね。

*2つ以上の場合に呼び方が変わる。1つの場合はフートで、2つ以上の場合はフィートになる。

➡ 手足の長さが基準になった単位

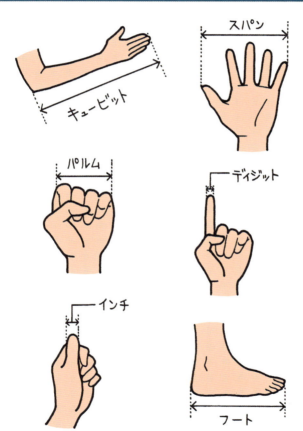

「歩く」からできた単位もある
パッスス、ミリアリウム（ローママイル）、マイル（mile）

　古代ローマでは、兵隊が行進するときの1複歩*をパッススという単位で呼んでいました。これは、約147.9cmに相当するようです。「passus」というのはラテン語で、英語の「pace」**の語源といわれています。

　このパッススを1,000倍した長さを、ミリアリウム・パッススまたはミリアリウム（milliarium）***と呼び、それがマイル（mile）の語源になったといわれています。「pace」は1歩を、「mile」は1,000歩を意味する言葉です。

　さて、このミリアリウムですが、ローママイルともいわれています。古代ローマにはたくさんの街道がありました。最初は自然にできていた街道でしたが、紀元前312年以降は、アッピア街道をはじめとして、人間の手で整備されていきます。アッピア街道は、別名「街道の女王」ともいわれ、現在でも旧街道として残されています。「アッピア」とは「アッピウスの」という意味で、「アッピウス」というのは街道建設責任者の名前だそうです。

　このアッピア街道には「milestone」と呼ばれる石柱が置かれていました。マイルストーンは、街道の起点（ローマ）から1ローママイル（約1.48km）ごとに置かれ、起点から何番目かが書いてあるため、そこまでの距離がわかるようになっていました。ローマのすべての街道には、このようにマイルストーンが設置されていたようです。街道を行き交う人たちにとっては、非常に便利だったでしょうね。現代の道路や鉄道で使われている標識は、これが始まりといわれています。

* 左足と右足の2歩分のこと。
** マイペースやハイペースというときの「ペース」のこと。
*** 「ミリアリウム」はラテン語で千を意味する言葉。

第 2 章　単位はどこからやってきた?

➡ 現代にも続く単位

古代　　　　　　現代

パッスス(passus) → ペース(pace)

↓ 1,000倍

ミリアリウム・パッスス
=
ローママイル
→ マイル(mile)

マイルストーン → 6.0km（岩手山パノラマライン　八幡平温泉郷まで to Hachimantai Spas）

生きものの能力から生まれた単位
ユゲラム、ac、モルゲン、馬力、ゴルータ、ヨージャナ、ブカー

　農耕を行ううえで必要になった単位は、人間や動物たちの能力を基準としていました。

　ローマ時代の面積の単位に**ユゲラム**というものがあります。これは「牛2頭が午前中で耕す面積」、もしくは「牛1頭が1日で耕す面積」のことだったそうです。イギリスで現在でも使われている**ac**(エーカー)は、「2頭の牛を頸木*でつないで犂**を引かせ、1人が1日に耕すことができる広さ」という単位です。エーカーとはギリシャ語で頸木のことで、13世紀のエドワード1世の時代から使われているそうです。ac(エーカー)について、くわしくは80ページを参照してください。

　面積を表す単位には、**モルゲン**というものもあります。これは、牛1頭が午前中に耕せる広さだそうです。「morgen」(モルゲン)は、ドイツ語で朝を意味する言葉として使われています。ドイツ語の「Guten Morgen」(グーテンモルゲン)は、日本語では「おはようございます」という朝のあいさつです。

　牛以外で、古くから人間を助けて暮らしてきた動物には馬もいます。人間や荷物を運ぶ力もちの馬ですが、その力が基準になったのは、**馬力**(ばりき)という単位です。馬力(ばりき)について、くわしくは108ページを参照してください。

　古代インドには、牛の鳴き声が聞こえる距離を示す**ゴルータ**という単位があったそうです。1ゴルータは1.8km(キロメートル)から3.6km(キロメートル)くらいと、結構アバウトな単位のようです。ほかにも牛が1日で歩く距離を表す**ヨージャナ**という単位は10km(キロメートル)から15km(キロメートル)らしく、こちらもだいたい…という感覚的な単位なのでしょうか。

　また、シベリアには雄牛の角が見分けられなくなる距離を表す**ブ

第 2 章 単位はどこからやってきた？

カーという単位があり、1.7kmから7.7kmくらいになるようで、この単位もまたアバウトといえますね。これは人間の聴力、視力や動物の能力にも大きく影響を受けるので、仕方ないのでしょう。使われなくなってしまうのも当然かもしれません。

* 前に長くだした2本の棒、轅（ながえ）の先端につけて、車を引く牛馬の頸（くび）の後ろにかける横木のこと。
** 土を掘り起こす農具のこと。

➡ 午前中や1日で耕せる面積

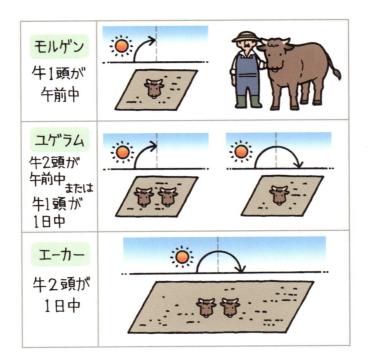

37

中国から日本へ伝わった単位たち
尺、寸、分、丈、龠、合、升、斗、斛、歩、坪、畝

　古代中国でも、西洋のように人間の体を基準とした単位が使われていました。手を広げたときの親指から中指までの幅が尺、インチと同じように、親指の幅を基準にした単位が寸でした。

　ところが、手の幅を基準にしていては基準となる長さが一定しないため、その後、道具を基準とした長さや容積の単位が使われるようになりました。

　紀元前9年ごろに使われ始めたのが、「黄鐘」という笛でした。この笛は音階の基本を決めるもので、同じ波長の音を出すためには、長さが一定でなければいけません。そして、この笛の長さはクロキビ90粒を並べたのと同じ長さだったということです。そこで、クロキビ1粒の長さを1分とし、10分を1寸、10寸を1尺、10尺を1丈としました。

　その後ものさしがつくられるようになり、特に周の時代に建築用としてつくられた「曲尺」は、その後日本にも伝えられて、いまでも使われています。

　長さの基準にされた笛でしたが、長さだけではなく容量の基準にも使われました。笛の中にクロキビを1,200粒入れて、それと同じ水の量を龠とし、その2倍を1合としたのです。そして、10合を1升、10升を1斗、10斗を1斛としました。

　また、西洋と同じように、中国にも歩幅を基準にした面積の単位がありました。2歩分の長さを歩とし、また1辺がその長さの四角形の面積も「歩」と呼びました。のちに1歩は約6尺四方の面積となり、それが現在の1坪になりました。そのほかに畝という単位もあり、周の時代には100歩とされていました。時代によ

り「畝(ほ)」の広さは変化しましたが、日本に伝わってから、わが国では畝(せ)は30坪(つぼ)とされています。

➡ 漢字のもとになった形

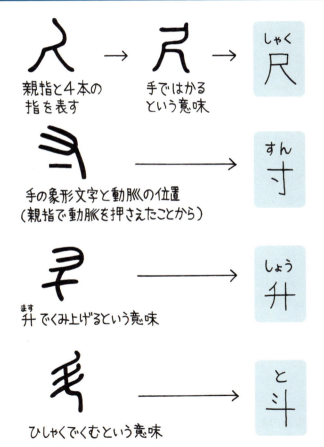

独自に進化した日本の単位たち
握、掬、尺、咫、尋、常

　日本では、中国から尺が伝わる前、握、掬、尺、咫、尋、常などの、手で測る単位が使われていました。

　「握」は握った手の4本の指の幅で、約3寸(9cm)でした。同じような単位に「掬」があります。これは、4本の指でつかんだ長さということのようです。「尺」は親指と中指を広げた長さで、約6寸(18cm)。似たようなものに、「咫」という単位があります。これは手を広げたときの親指から人差し指までの長さで、「手をあてる」が転じたものだそうです。「尋」は両手を水平に広げた長さで、約5尺(1.5m)とされていました。「常」は「尋」の2倍の約1丈(3m)で、のちに「丈」という漢字に変わったという説もあります。

　時間の数え方も独特でした。江戸時代には、太陽が昇る午前6時を「明け六つ」、太陽が沈む午後6時を「暮れ六つ」として、真夜中の12時と正午を「九つ」と呼んでいました。1日は「明け六つ」から始まる、という考え方だったようです。また、2時間ごとに十二支の名前をつけて、それぞれを1刻から4刻までの4つに分けて数えました。ただ、日の出や日の入りは季節によって時間がずれるので、昔の人は季節によって時間の長さが違うという生活をしていたことになります。一見不便なようですが、太陽の高さでだいたいの時刻がわかるので、かえって便利だったようです。3時のおやつは「八つ」からきているようですね。

　また、十二支は時間だけでなく方角を示すのにも使われました。東西南北にそれぞれ卯、酉、午、子を割りあて、さらに北東を「丑寅」、南東を「辰巳」、南西を「未申」、北西を「戌亥」と

しました。北東は「鬼門」といわれ、よくない方角とされますが、その方角から出入りする鬼のイメージが、牛のような角をはやして虎の皮のふんどしをしめているのは、この「丑寅」からきているようです。

➡ 江戸時代の時刻

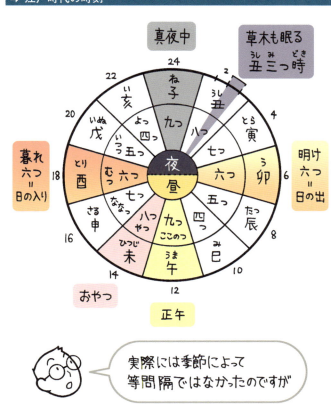

太陽と月の大きさ

　30ページに太陽の直径の話が出てきましたが、地球から見た太陽と月の大きさはほぼ同じくらいだということを知っていますか。ただし、月が地球の周囲を回る軌道と地球の公転軌道は楕円形であるため、いつでもピッタリ同じ大きさというわけではなさそうです。月が太陽よりちょっとだけ大きい場合は、月の影に太陽が隠れて「皆既日食」と呼ばれます。このときは、ふだんまぶしすぎて見えないコロナが、肉眼でも見えます。「皆既日食」とは逆に、太陽のほうがちょっとだけ大きい場合は、月の影から太陽の光がはみ出して見え、「金環日食」と呼ばれます。

　ここで疑問をもった方がいるかもしれません。「そんなこといっても、月の大きさなんていつも同じじゃないよね？」

　たしかに月は、高い位置に見えるときと、地平線近くの低い位置に見えるときでは、まったく大きさが違うように見えます。でもこれって実は、人間の目の錯覚らしいのです。この現象は「ムーン・イリュージョン」と呼ばれていて、紀元前から続く謎だとか。現代でもまだ解明されていないようですが、いろいろな学説があるそうです。たとえば「天頂の月は青黒い夜空との対比効果で小さく見える」とか、「地平には、月との間に建物などがあると地上の介在物の影響で奥行きが強調され、より大きな物体として誤認される」とか…。月は5円玉を手にもって腕を伸ばしたときの穴のサイズと同じくらいだそうです。大きく見えても本当は同じかどうか、機会があったら試してみてください。

　夕陽が大きく見えることもあると思いますが、こっちも同じような現象で、実際は同じ大きさの太陽なのだそうです。

第3章

「長さ」や「距離」を比べてみよう

単位のうちでもっともよく使うもの、それが長さを示す単位ではないでしょうか。本章では、目に見えないような小さなものを示す単位から、気が遠くなるような宇宙の果てにある天体までの距離まで、さまざまな長さの単位を取り上げます。

まずは身近な長さの単位
m、km、cm、mm、μm、nm、pm

　「○○の長さは？」と尋ねられたら、日本人ならほとんどの場合、「○○m」とか「○○cm」と答えるでしょう。これは、私たちがふだん使用する定規が m を基準としていることもあり、無意識にこの単位を使うのでしょうね。

　しかし、この m という単位は、フランス語の「測る」からきていることを知っている人は少ないのではないでしょうか。日本には「外来語」と呼ばれる言葉が多く存在しますが、その中でフランス語は決して多くないと思います。ところが、長さの単位でフランス語を使っているのは、ちょっと意外ですね。

　この「測る」は、英語では「meter」になります。電気やガスなどの測定機器を「○○メーター」と呼びますが、それは英語がもとになっているんですね。また、洋服のサイズを決める際、体のサイズを測定する紐状のものさし（巻尺）を「measure」と呼びますが、これも英語です。日本で使われている外来語って、節操がない感じですね。

　さて、長さの基本は m ですが、これより長いものは km、もっと短いものは cm や mm といったように、接頭辞（185ページ参照）をつけることで千倍や百分の1、千分の1を表します。ふだんの生活ではあまり使用しませんが、μm だと百万分の1、nm だと十億分の1、pm だと1兆分の1 というように表せます。

　m は、さすがに国際単位系（SI）の基本単位だけあって、ものすごく長い距離から、肉眼では見えないような小さなものまでを測るための単位として使用することもできます。「長さの万能選手」といえる単位です。

第 3 章 「長さ」や「距離」を比べてみよう

➡ メートル法による長さの単位

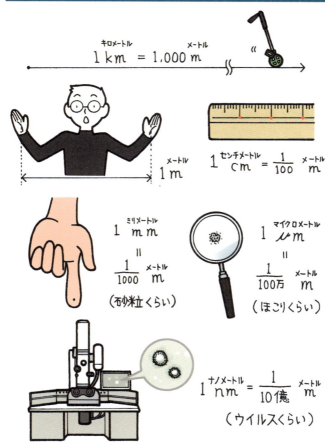

$1 \text{km} = 1,000 \text{m}$

1m

$1 \text{cm} = \frac{1}{100} \text{m}$

$1 \text{mm} = \frac{1}{1000} \text{m}$ （砂粒くらい）

$1 \mu\text{m} = \frac{1}{100万} \text{m}$ （ほこりくらい）

$1 \text{nm} = \frac{1}{10億} \text{m}$ （ウイルスくらい）

あなたのジーンズのサイズは？
inch（in）、yd

　普通、ジーンズの1本や2本はもっていますよね。そこで、タイトルにあるような質問が投げかけられたら、どう答えますか。「個人情報の漏えいにつながるから答えない」とか「セクハラじゃないの、それ？」とかいうのは、なしにして…。「ずいぶん前に買ったから…なんだっけ？」「自分の体のサイズはわかるけれど…あれ？」という方も多いのではないでしょうか。

　ジーンズのサイズは、cmとなっているものもありますが、多くの場合inch、略してinで表されます。

　漢字をあてると「吋」です。1inは2.54cmであり、アジア圏で使用されていた長さの単位「寸」と近い値であることから、中国では「英寸」と呼ばれ、日本では明治時代に「吋」という文字がつくられたようです。

　さてinは国際単位系（SI）ではなく、英語圏諸国で慣習的に使用されている「ヤード・ポンド法」の単位です。このヤード・ポンド法というのは、長さの基準にyd、重さ*の基準にlbを使用することからこう呼ばれていますが、これは日本における呼び名で、イギリスでは「Imperial unit（帝国単位）」、アメリカでは「U.S. customary unit（米慣習単位）」と呼ばれているようです。そもそも「pond」はオランダ語で、英語では「pound」なので、いかにも日本人が耳で覚えて解釈した…という感じですね。

　inは、同じ「ヤード・ポンド法」のft、ydとの関係では、それぞれ$\frac{1}{12}$ft、$\frac{1}{36}$ydとなります。

　なお、inは記号を用いて表されることがあります。このとき使われる記号は「ダブルプライム（″）」**ですが、日本では「ツーダッ

46

第3章 「長さ」や「距離」を比べてみよう

シュ」と呼ばれることもあります。これは、「ダブルクォーテーション(")」とは別物なのですが、見た目が似ていることから、厳格に区別されているわけではないようです。

* 正確には「質量」。
** 角度の「秒」を示す記号としても使われる。

➡「in(インチ)」で測る身近なもの

- ジーンズのウエストサイズ
  28 in = 71.12 cm

- テレビやパソコンモニタの表示部の対角の長さ
  55 in = 139.7 cm

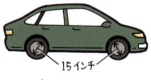

- 自動車やオートバイのホイールの直径(リム径)
  15 in = 38.1 cm

- 自転車のタイヤに空気を入れたときの外形寸法
  16 in = 40.64 cm

同じ乗りもので、インチで測定するものでも、自動車やオートバイと自転車では、測定する場所が異なる

どれだけかっ飛ばしたらホームラン？
yd、ft

　日本でも人気が高いスポーツにゴルフがあります。このゴルフでは、ボールを打ったときの飛距離やピンまでの距離はyd（ヤード）という単位で示します。また、野球のグラウンドサイズはft（フィート）が単位になっています。このようにスポーツにおいては、発祥地で使われている単位が、そのまま慣習で使い続けられることが多いようです。

　投手板から本塁ベースの先端までは60.6ftと定義されています。1ft*は0.3048mなので、換算すると18.47mとなります。

　本来、ftで各寸法を決めたのなら、そんな中途半端な値にはならないだろうと思うのですが、以下のような理由があるようです。「もともとは、45ftだった。しかし、エイモス・ルージーという投手の投げる球があまりに速くて打てないため、ルール委員会が段階的に距離を伸ばし、1893年に60ftにすることにした。しかし、グラウンドの製図を行う段階でルール委員会が提示した『60.0feet』の文字が汚かったため『60.6feet』と見間違えて設計図を書いた。あとで誤りに気づいたが、それでいいことにした…」

　にわかには信じられませんが、これが真実のようです。ただ、野球で1試合が9回というのも、決着がつくまでやると「料理をつくり始めるタイミングが読めない」と、試合後の料理をつくるコックがいったことがきっかけだと聞けば、なんとなくうなずけます。

　さて、野球場（球場）は、必ずしも同じつくりではありません。日本の公認野球規則2.01には、「両翼は320ft（97.53m）以上、また中堅は400ft（121.918m）以上あることが優先して望まれる」と規定されていますが、日本のプロ野球球団の本拠地ですら、2017

第 3 章 「長さ」や「距離」を比べてみよう

年の時点でこれを満たしていない野球場があります。

　野球のルーツであるアメリカでは、当初、街中の空き地に野球場がつくられていたため、その形状や広さは異なっており、日本でもこれに倣ったから…という理解でよいかと思います。

* 単数は「foot（フート）」だが、日本語では 1 でも「フィート」という。そういえば、2人なのに「ピンク・レディー」だったし…。

➡ インチ、フィート（フート）、ヤードの関係

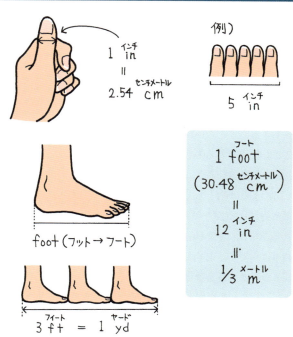

基準となる親指の幅にしても、足の大きさにしても、平均的な日本人より広いのは、人種の差!?

家の中に散在する日本の単位
間、畳（帖）、尺、寸

　第1章で述べたように、現在は日本においても国際単位系（SI）に従うことが法律で決められているのですが、いまだ尺貫法が消え去ったわけではなく、慣習で使われています。

　その中に間という単位があります。これは、もともと中国において「柱と柱の間隔」を示すものとして使われていた単位です。日本においては1582年から行われた太閤検地で「6尺3寸」、江戸時代には「6尺1寸」と定められ、地域によっても異なるなど、単位としての完成度は低いものでした。明治時代になり「6尺」と定められたことで、単位としての体をなしたといえるでしょう。

　そして、現在も使われるものとして畳があります。これは、読んで字のごとく「畳1枚分の広さ」という単位です。「立って半畳寝て一畳」というくらい、日本人の生活に密接なものですから、単位として使用されるのも当然といえるでしょう。

　第1章でも述べたように、現在でも洋室、和室を問わず部屋の広さを「畳」または帖として記述します。これらは同じ意味であり、和室だと畳、洋室だと帖といった使い分けはありません。不動産の広告基準では、1畳（帖）あたり$1.62m^2$以上で換算することになっているようです。しかし、ひと口に畳（帖）といっても、実は、地方によってさまざまな種類があり、全国的な基準として使用するものとしては、無理がありそうです。

　このほか、家具を比較する場合の単位として尺や寸*が使われます。それぞれはメートル法で表すと「30.30303…cm**」「3.030303…cm」となります。

---

　* 一般的には長さの単位として使われるが、「度（ど）」と並び勾配（こうばい）の単位としても用いられる。
　** 曲尺（かねじゃく／さしがね）が基準とされているが、このほか鯨尺（くじらじゃく）という基準もあり、その場合「37.879cm（センチメートル）」になる。

第3章 「長さ」や「距離」を比べてみよう

➜ 微妙な「畳（帖）」という単位

・きょうま
京間

別名：本間（ほんま）、本間間（ほんけんま）、関西間（かんさいま）／畳間（たたみま）／帖間（じょうま）
採用地域：おもに中国、四国、関西地方
6尺3寸（1.909m）×3尺1寸5分（0.955m）≒1.82m²

・ろくにま
六二間

別名：佐賀間（さがま）
採用地域：九州地方
6尺2寸（1.88m）×3尺1寸（0.939m）≒1.76m²

・ろくいちま
六一間

別名：ロクイチ、安芸間（あきま）
採用地域：山口県、広島県
6尺1寸（1.848m）×3尺5分（0.924m）≒1.71m²

・ちゅうきょうま
中京間

別名：三六間（さぶろくま）、サブロク、名古屋間（なごやま）、間の間（まのま）
採用地域：中部、名古屋地方
6尺（1.82m）×3尺（0.91m）≒1.66m²

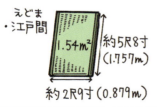

・えどま
江戸間

別名：関東間（かんとうま）、田舎間（いなかま）、五八間（ごはちま）、ゴハチ、芯間（しんま）、真間（しんま）
採用地域：関東、東北、北海道地方
約5尺8寸（1.757m）×約2尺9寸（0.879m）≒1.54m²

・だんちま
団地間

別名：五六間（ごろくま）、ゴロク、公団（こうだん）サイズ
5尺6寸（1.7m）×2尺8寸（0.848m）≒1.44m²

＊柱心の間隔を基準とするため、畳の大きさには誤差が生じる。
ほかに「団地間小（だんちましょう）」というものもある。
5尺3寸（1.606m）×2尺6寸5分（0.803m）≒1.29m²

もっと長く、遠く、広いものを測る
furlong、chain、mile、nautical mile（国際海里）

　長い距離を示すには、国際単位系（SI）では、km（キロメートル）となりますが、ヤード・ポンド法ではヤード、チェーン、ハロン、マイルなど、さまざまな単位があります。

　46〜49ページで取り上げた「yd（ヤード）」を基準として比較してみると、1furlong（ハロン）*は220ydであり、660ftであり、10chain（チェーン）となり、国際単位系（SI）に換算すると「201.168m（メートル）」になります。

　furlongという単位は、耳慣れない人も多いでしょうが、日本ではmile（マイル）とともに競馬で使われています。しかし日本の競馬では、便宜上**200m（メートル）とすることになっています。mile（マイル）は聞いたことがあるでしょう。8furlongに相当するもので、国際単位系（SI）では1,609.344m（メートル）になりますが、日本の競馬ではちょうど1,600m（メートル）とされています。

➡ ハロン、ヤード、フィート、チェーンの関係

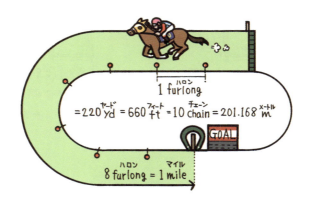

1 furlong（ハロン）
= 220 yd（ヤード）= 660 ft（フィート）= 10 chain（チェーン）= 201.168 m（メートル）

8 furlong（ハロン）= 1 mile（マイル）

とはいえ、これは陸上での話。海や空における1mileは陸より長く、1,852mになります。これは、陸のマイルと区別するため「nautical mile（国際海里）」または「seamile」とも呼ばれます。

たんに「マイル」といった場合には「国際マイル」とも呼ばれる陸のマイルを指します。

なお、現在でもかたくなにヤード・ポンド法が主流のアメリカでは、このほかに「測定マイル（U.S. survey mile）」や「アメリカ測量フィート（US survey foot）」という定義があります。これによると、1inが2.54000508001cmと、前出の2.54cm（46ページ参照）より、わずかながら大きなものとなっています。従って、広大な土地を測量するような場合には、大きな差がでますが、アメリカは土地が広いから、それでも誤差範囲ということになるのでしょうか。

* 「ファーロング」とも呼ばれるようだが、国内では「ハロン」のほうがとおりがいい。
** 計量法を遵守するためには、m（メートル）で表記しなくてはならず、実際、レースの距離はmで表記されている。しかし、m（メートル）に換算すると端数が出てわかりにくいということが理由であると推測される。

➡ 陸のマイルと空、海のマイル

- 陸のマイル（国際マイル）
  1 mile = 1,609.344m

- 空、海のマイル（ノーティカルマイル）
  1 mile = 1,852m

日本における長さの単位と参道の石柱
里、歩、町（丁）、間、尺、寸、分

　次に、日本に目を移してみることにしましょう。日本において比較的長いものを指す長さの単位としては里という尺貫法による単位があります。もともとは現在の中国で面積を示す単位として使われていましたが、のちにその1辺を長さの単位として使うようになりました。それでは、1里はどれくらいか…というと、100戸分とか110戸分など時代や地域により異なります。

　のちに日本に伝わり、奈良時代の律令制では当初は50戸を1里としていたようですが、そもそもが身体尺＊である歩を基準として360歩とされ、60歩を示す町または丁を基準として「6町（丁）」とされました。しかし、こうした定義は測定する人の体により測定値が異なるため正確なものとはいえず、たびたび変更されたようです。

　最終的な値は、1891（明治24）年に制定された度量衡法で定められ、1里は36町となり、国際単位系（SI）では3,927.2727m（約4km）になります。

　町といえば、著者（伊藤）が思い出すのは「高野山」です。2004年7月にユネスコの世界遺産「紀伊山地の霊場と参詣道」として登録された構成資産の一部で、多くの観光客が訪れています。

　その高野山への参道には、1町ごとに「町石」と呼ばれる石柱が建てられています。山上の壇上伽藍・根本大塔を起点として、慈尊院までの道中に180基、大塔から高野山奥の院・弘法大師御廟までに36基、合計216基の町石があり、参拝者は空海（弘法大師）に「どれだけ近づいたか」を感じられるシカケとなっているのですね。

　さて、1町は60間で、1間は6尺、1尺は10寸、1寸は10分と

第3章 「長さ」や「距離」を比べてみよう

いうように、日本の単位には10進法と60進法が混在しています。これに対して10進法で統一されている国際単位系（SI）のm(メートル)のほうが、計算を行ううえで扱いやすい印象です。

* 体を使ったほかの単位の例は、32ページおよび40ページ参照。
**1歩（ぶ）は2歩（ほ）の距離とされていた。

➡ 尺貫法による長さの表し方

遠く宇宙に思いをはせる単位
天文単位（太陽距離）、光年、pc

　気が遠くなるほど大きな値を「天文学的」と表現することがあります。第2章にあるように、単位は必要に迫られて身近なものを基準としてつくられたため、天体に関する距離を測ることは想定外です。たしかに、国際単位系（SI）を用いて表すことは可能ですが、「わかりやすい」「使いやすい」というものにはなりません。

　そこで、天文学で使われる単位というのがあります。地球は太陽系に属する惑星ですから、太陽と地球の距離を基準とする単位があります。これを**天文単位***または**太陽距離**といいます。正確には「地球が太陽の周りを回る楕円軌道の長半径」と定義されるのですが、「太陽から地球までの平均距離」といったほうがイメージをもちやすいでしょう。なにせ、とんでもない距離ですから、誤差はある…ということで。これはおもに太陽系の天体間の距離を測定するために使われます。

　次に、SF小説やドラマ、映画に出てくる**光年**（light year、l.y）を挙げておきましょう。その名のとおり、光が1年間に進む距離なのですが、そもそも光の速さがわからないとイメージできませんね。光は1秒間に約30万km**の速度（光秒）、すなわち地球を約7周半する距離を進むので、とんでもない距離を示すのに適していると直感的に思えます。

　しかし、それでも終わりません。**pc**なる単位もあります。これは三角形の幾何学を用いて対象までの距離を決める「三角測量」により天体の距離を測定するのに用いられるもので、「parallax（視差）」と「second（角度の単位としての秒）」を組み合わせた名称が単位となっています。

---

　* 英語では「astronomical unit」だが、「AU」「au」「a.u」「ua」などさまざまな略称がある。
　** 正確には、29.9792458万km（キロメートル）。

第 3 章 「長さ」や「距離」を比べてみよう

➡ 天文単位（太陽距離）

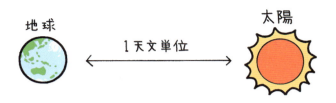

➡ 光年（こうねん）

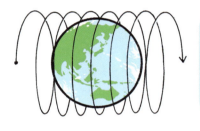

1光年
= 1秒間に地球を
　7.5周する速度の1年分
= 約9兆4,600億km

➡ pc（パーセク）

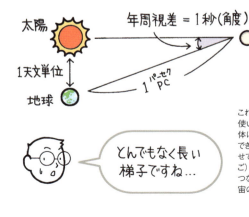

とんでもなく長い梯子ですね…

これらは、測定する距離により使い分ける。ただ、遠方の天体は、特定の方法だけで測定できないため、手法を組み合わせての計測も行う。梯子（はしご）をかけるように複数の手法をつないで測定することから、「宇宙の距離梯子」と呼ぶ

Column

長さのよりどころ「メートル原器」

　本書では、数多くの単位を取り上げていますが、その性質からいって「ある量」を数値で表すためのものである以上、その基準となるものが必要です。こうした測定の基準として用いる基本単位の大きさを具体的に表すものを、「原器」といいます。

　21ページに簡単な歴史年表を掲載しましたが、1875年5月20日[*]にメートル法への統一が17か国の間で取り決められたのち、メートルおよびキログラムの原器が1879年に製作されました。

　メートル原器もキログラム原器と同じく、プラチナ（白金）90%とイリジウム10%の合金でつくられました。メートル原器の両端は、X字型となっています。これは発案者であるトレスカにちなんで「トレスカの断面」と呼ばれます。

　両端付近に楕円形のマークがあり、その中に3本の平行線が引かれていて、0℃のときの中央の目盛り同士の間隔が1メートルであると定められました。メートル原器は、試作として30本製作されましたが、その中のNo.6が「アルシーヴのメートル[**]」にもっとも近い値であったことから、これが国際メートル原器（標準器）とされました。

➡ 初期のメートル原器

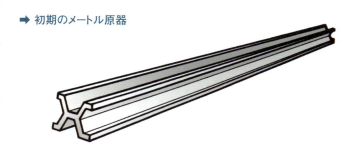

こうしてつくられたメートル原器は、1889年に開かれた第1回国際度量衡総会（CGPM）で承認され、その少し前の1885（明治18）年にメートル条約に調印した日本には、1890（明治23）年に到着しました。くじ引きの結果、日本に配布されたのはNo.22で、国際メートル原器（標準器）として定められた原器と比較して0.78μm短かったそうです。

　このように、物理的な原器は、若干ではあるものの誤差が生じるほか、経時変化が生じるため、必ずしも正確なものではありません。また、紛失（盗難）や焼損などの可能性も否定できません。そこで、1983年の第17回国際度量衡総会において、メートル原器は物理現象により定義するものとして、次のようにあらためられました。

> 1秒の2億9,979万2458分の1[***]の時間に、光が真空中を伝わる行程の長さ

　ただし、この定義を実効性のあるものとするためには、「1秒」が定義されていないといけません。その「1秒」には、1967〜1968年の第13回国際度量衡総会で承認された次の定義が使われます。

> セシウム133の原子の基底状態の2つの超微細準位の間の遷移に対応する放射の91億9,263万1,770周期の継続時間

---

[*]これを記念して、毎年5月20日は「世界計量記念日」となっている。これとは別に、日本において「新計量法」が施行された1993（平成5）年以降、11月1日が経済産業省四大記念日の1つである「計量記念日」とされている。
[**]フランス人のドランブルとメシェンが、フランス北岸のダンケルクとスペインのバルセロナを結ぶ経線に沿って7年がかりで三角測量を繰り返し、地球の子午線全長（南北方向の地球1周の距離）を算出した。その4×107分の1を長さの基準（1m）とした。これを「アルシーヴのメートル」という。
[***]2億9,979万2,458m/s（メートル毎秒）は光の速さ。

このようにメートルの定義が変更されたことで、より正確に長さが測れるようになりました。しかし、この長さを定義するための原器が必要となり、新しいメートル原器が製作されました。

　このメートル原器を使用することで、従来のメートル原器による誤差が「東京－大阪間でゴルフボール1個分程度」であったものが「東京－北京間で髪の毛1本分程度」というレベルにまでなり、飛躍的に精度が向上しました。初期のメートル原器はフランスから配布されたものですが、現在国内で使用しているメートル原器は、前出の定義に従い正確な値が得られるよう通商産業省****計量研究所が中心となり国内で製作されました。光学部品については不明ですが、金属部品は神津精機株式会社が設計および製作を担当しました。同社はアメリカの研究機関やNASA（アメリカ航空宇宙局）にも測定器などを納入している会社です。きわめて高い技術により、原器に要求される正確な値が守られているわけですね。

➡ 現在のメートル原器 「よう素安定化 633nmHe-Ne レーザ共振器」（写真提供：神津精機株式会社）

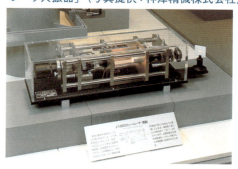

**** 現在の経済産業省の前身。

第4章

「重い」と「軽い」の境目は？

長さと並んで身近な単位、それが「重さ（質量）」を示す単位でしょう。本章では、kg（キログラム）やt（トン）、貫、匁など、重さを比較するために用いるさまざまな単位を取り上げます。

重さの「原器」の責任は重い？
kg

　私たちはよく「重い」「軽い」といいますが、こうした重さの比較には、一般的にkg(キログラム)という単位を使います。

　この定義をするため、最初に使用されたのは水でした。1870年代に定められた「1気圧、0℃における蒸留水1dm³(デシ立方メートル) = 1L(リットル)の質量」がその定義です。長さと同様、重さの単位も非常に身近なものが基準とされていたんですね。

　さて、重さの基準となる「国際キログラム原器」は、1879年にフランスで3個つくられ、1個が選ばれました。プラチナ90%とイリジウム10%(パーセント)の合金で、直径および高さがともに39mm(ミリメートル)の円柱型をしています。変質により重さが変わることがないよう、二重の気密容器で保護された状態で、2017年現在もフランスのパリ郊外のセーヴルという町にあるBIPM*に保管されています。

　しかし、厳密に管理しているにもかかわらず、国際キログラム原器を再測定してみると、1年間で最大20×10^{-9}kg(キログラム)変化することがわかりました。そこで、1999年の第21回国際度量衡総会以降、さまざまな理論により再定義が試みられました。その結果、量子力学の基本的な定数である「プランク定数」を利用した方法が採用されそうです。これは、産総研**などの世界5か国、8研究チームが提案したもので、産総研では、すでに均質な結晶構造をもつ半導体材料「ケイ素」を使って、球状のかたまりを製作したことが報道されています(2017年10月25日づけ『毎日新聞』)。原器の試作品ということになるのでしょうか。

　約130年間にわたり、重さの基準という「重責」を担ってきた国際キログラム原器ですが、いよいよ次世代にバトンタッチされそ

第 4 章 「重い」と「軽い」の境目は?

うです***。その定義に日本の研究機関がかかわっているというのは、嬉しいことですね。

* 「Bureau International des Poids et Mesures」の略で、日本語では「国際度量衡局」と呼ばれる。
** 正式には、「国立研究開発法人産業技術総合研究所」(略称 AIST)。日本の産業や社会に役立つ技術の創出とその実用化に取り組む日本最大級の公的研究機関。
*** 新キログラム原器は、2017 年 10 月に産総研において製作されたものであり、正式採用時には変更になる可能性がある。

➡ キログラム原器の世代交代

あとは頼んだよ

まかせて!

● 旧キログラム原器

生年:1889年(承認年)

身長:39mm(ミリメートル)

ウエスト:39mm(ミリメートル)

成分:合金製
　　　(プラチナ90%,
　　　　イリジウム10%)

● 新キログラム原器

生年:2018年誕生予定

体長:9.4cm(センチメートル)

成分:半導体(ケイ素)

「小さじ1」の重さはどれくらい？
g、mL、fl oz

「パスタは塩分濃度1％ぐらいでゆでるとおいしい」といいます。「いや、1.2％だ」「2.5％がいい」といった意見もありますが、いずれにせよ基準になるのは、水と塩の重さ。たとえば、水1,000g（1kg）に塩10gを溶かして沸騰させ、水10gが蒸発すると、塩分濃度が1％になりますね。ほかにも、重さの比が要になる料理のノウハウはたくさんあります。

ただ、いちいち計算・計量するのはめんどうなので、液体や粉類の量を、「小さじ1」「大さじ1」「カップ1」といったように、体積で表すレシピも多いのでしょう。

前述の例を換算すると、水1,000gは1,000mL、つまり200mLのカップ5杯分。塩は粗塩を使うなら、10gが約10mL、つまり5mLの小さじ約2杯分（すり切り）。まとめると「カップ5の水に対し、小さじ2の粗塩」。こう指定されたら、簡単に用意できます。

英語圏のレシピにも、小さじに近い「teaspoon（tsp.）」、大さじに近い「tablespoon（tbsp.）」という表現があります。ただ、おもしろいことに、地域や時代によって異なる定義が存在するのです。

アメリカとイギリスで比べてみましょう。定義に使われた単位は、「質量が1oz*（常用オンス、約28.35g）の水の体積」を由来とする、fl oz**（液量オンス）です。tsp.は、アメリカで「$\frac{1}{6}$ fl oz（米液量オンス）」、イギリスで「$\frac{1}{8}$ fl oz（英液量オンス）」。tbsp.はアメリカで「$\frac{1}{2}$ fl oz（米液量オンス）」、イギリスで「$\frac{1}{2}$ ～ $\frac{5}{8}$ fl oz（英液量オンス）」とされていました。

さて、気づきましたか？　まず、数値もさることながら、単位の基準量も、米液量オンス（約28.41mL）、英液量オンス（約29.57mL）

64

第 4 章 「重い」と「軽い」の境目は？

と異なります。計算すると、一部を除き、日本の計量さじより小さいスプーンを使っていたことがわかりますね。山盛りにするのが基本だったようです。またイギリスでは、tbsp.(テーブルスプーン)の定義に幅があり、大きめのスプーンも使用されていました[***]。昔、「英国は食事がまずい」といわれたのには、こんなところにも原因があったり、と思います。

[*] oz についてくわしくは、72 ページを参照。
[**] fluid ounce（フルイドオンス）の略。
[***] イギリスではさまざまなスプーンが使われてきたが、現在の tablespoon は 15mL とされており、日本の大さじと同じ。イギリスでもアメリカでも、「1tsp 5ml」「1tbsp 15ml」などと印字された計量スプーンが流通している。

➡ 計量器 1 杯分の重さ目安（単位：g〈グラム〉）

食材（調味料） \ 計量器	小さじ(5mL)	大さじ(15mL)	カップ(200mL)
水	5	15	200
酒	5	15	200
酢	5	15	200
だし汁	5	15	200
醤油	6	18	230
みりん	6	18	230
味噌	6	18	230
塩/粗塩	5	15	180
塩/精製塩	6	18	240
上白糖	3	9	130
グラニュー糖	4	12	180
小麦粉／強力粉	3	9	110
小麦粉／薄力粉	3	9	110
重曹	4	12	190
片栗粉	3	9	130
ベーキングパウダー	4	12	150
ウスターソース	6	18	240
マヨネーズ	4	12	190
ショートニング	4	12	160
はちみつ	7	21	280
生クリーム	5	15	200
油・バター	4	12	180

[*] 食品メーカーや配合、密度などによって、重さに差が出る場合がある。計量カップは、1 杯 200mL の製品のほかに、500mL まで 50mL 刻みで量れるものなどもあり、人気が高まっている。

ワインの量は、国によって基準が違う?
t、Mg

　比較的軽いものを表すときには、「g」という単位を使用します。そして、国際単位系(SI)で重さ(質量)の基本単位として使用されるのが「kg」です。

　それ以上の重さになるとtという単位が使われます。自動車の重さやトラックの積載量を示すのに使われているので、比較的耳慣れた単位といえるでしょう。

　この語源を探ってみると、やはり生活に根ざしたところからきていることがわかります。tは、「ton」または「tonne」をカタカナ読みしたものですが、語源は古来語の「tunne」や古フランス語の「tonne」で、これは「樽」を意味します。フランスといえばワインが有名ですが、そのワイン樽1本に入る水の重さを、1tとしていたわけです。

　つまり、本来はヤード・ポンド法でいう約2,100lbが1tとされていたのですが、その後、フランスが中心となりメートル法を導入したことで、それに合わせるため「メートルトン」という単位がつくられました。これが、私たちが一般に使用する「1,000kg」に相当します。国際単位系(SI)では、100万倍を意味する接頭辞「M」*が定義されており、tではなくMgという単位を使用することが推奨されていますが、tは歴史的に長期にわたり使用されてきたため、国際単位系(SI)ではないものの、併用することが認められています。

　なお、もともとヤード・ポンド法を使用していたイギリスおよびアメリカでは、当然tが使われますが、それぞれの定義は異なり、イギリスでの1t=2,240lb(約1,016kg)を「ロングトン」、アメリカでの1t=2,000lb(約907kg)を「ショートトン」といいます。これら

第 4 章 「重い」と「軽い」の境目は?

ヤード・ポンド法で表記されているものは「ton」、メートルトンは「tonne」とすることで区別されているそうです。
　「ワインは、イギリスで買ったほうがお得」ということにはならないと思いますが…。

* くわしくは、185ページを参照。

➡ 複数存在する「1t（トン）」の基準

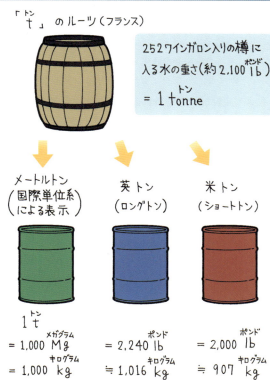

女性が愛情を量る単位？
carat、karat

　程度の差はあれ、女性はアクセサリー、ことに宝石が好きではないでしょうか。すると、宝石の価値を示す単位にも関心が高いかも…というのは考えすぎでしょうか。

　さて、宝石といって誰もが真っ先に思い浮かべるのはダイヤモンドでしょう。ダイヤモンドの品質は、カット（加工方法）、カラー（色）、クラリティ*（透明度）、そしてカラット（質量）の4つにより総合的に判断されます。これらは、それぞれの頭文字がCであることから「4C」ともいわれます。

　このうち、カット、カラー、クラリティはジェモロジスト（宝石鑑定者）により定性的に判断されますが、カラットだけは定量的に測定されます。carat（カラット）は、もともとキラト豆（いなご豆）の1粒の重さを基準としていました。しかし、これらは第1章で述べた「個別単位」であり、測定する場所によりばらつきが生じるため商取引を行ううえで不都合であり、統一が図られました。1907年に1carat（カラット）は0.2g（グラム）と定義され、以降はこの値が使われています。

　単位とは直接関係ありませんが、宝石（鉱石）は「硬度（こうど）」と呼ばれる硬さの度合いで示されることがあります。これは「ひっかいたときの傷のつきにくさ」を示すもので、考案したドイツの鉱物学者フリードリッヒ・モースの名を取って、「モース硬度」と呼びます。

　なお、カタカナ読みすると質量のcarat（カラット）と同じになるのですが、karat（カラット）という単位もあります。これは金の純度を表す単位で、アメリカなどでは「K」（カラット）、日本では「金（きん）」という単位が用いられ、24分率で示されます。純度100%（パーセント）であれば、$\frac{24}{24}$なので「24金（きん）」、75%（パーセント）なら$\frac{18}{24}$なので「18金（きん）」、と表記されます。

---

*　海や湖沼の透明度は、m（メートル）という単位で定量的に示されるが、宝石の透明度はG.I.Aという機関の基準にもとづき、ジェモロジストが10倍のレンズを使用して検査し、11段階で格づけされる。

第 4 章 「重い」と「軽い」の境目は?

➡ 代表的な宝石と硬度※

種類	硬度	モース硬度の標準物質
金剛石(こんごうせき/ダイヤモンド)	10	○
鋼玉(こうぎょく/コランダム)	9	○
ルビー	9	
サファイア	9	
キャッツアイ	8.5	
黄玉(おうぎょく/トパーズ)	8	○
エメラルド	7.5~8	
アクアマリン	7.5~8	
トルマリン	7~7.5	
石英(せきえい/クォーツ)	7	○
ガーネット	7	
アメジスト	7	
シトリン	7	
翡翠(ヒスイ)	6.5~7	
メノウ	6.5~7	
ペリドット	6.5~7	
正長石(せいちょうせき)	6	○
トルコ石	6	
オパール	5.5	
燐灰石(りんかいせき/アパタイト)	5	○
蛍石(ほたるいし/フローライト)	4	○
真珠(しんじゅ)	3.5	
珊瑚(サンゴ)	3.5	
方解石(ほうかいせき/カルサイト)	3	○
琥珀(コハク)	2.5	
石膏(せっこう)	2	○
滑石(かっせき/タルク)	1	○

※これらを修正して 15 段階にした「修正モース硬度」というものもある。

日本独自の単位
尺、貫、匁（文目）、分、厘、斤

　日本では、計量法が施行されるまで、長さと重さを表すのに「尺貫法」*が使われていました。尺貫法は、古代、中国を発祥として、東アジア一帯で使われていました。この名前は古代、尺を長さ、貫を重さの基本単位としていたことに由来します。

　貫は、通貨の単位として使用されたことから、通貨の場合には「貫文」、重さ（質量）の単位として使用する場合には「貫目」**と使い分けられることもあります。

　尺貫法では、このほかに匁または文目、分、厘、斤があり、それぞれは右ページのような関係になります。斤は、計量の対象とするものにより大和目や大目、白目、山目というようにいくつもの種類がありましたが、明治時代に1斤＝16両＝160匁＝600gと定義され、一般的にはこれが使用されます。

　現在でも「斤」は、食パンの単位として使われますが、1斤が600gもあるとは思えません。調べてみると、包装食パンは「不当景品類及び不当表示防止法」にもとづき事業者団体が定めた「公正競争規約」により「340g以上」と定められており、専門店で販売されているものも含め、多くの場合400〜450gとなっているようです。

　これでは計算が合いませんね。実は、舶来品（輸入品）を量る場合に「英斤」という単位を使用していました。これは、1lb＝453.6gに値が近い120匁（450g）で、これを基準としていたのが食パンだったことから、食パンの単位が「斤」となっているようです。ものごとには、必ず理由がある…ということをあらためて認識しました。

＊ 中国では「貫」ではなく「斤」を使用することから、正確には「尺斤法（しゃっきんほう）」と呼ばれ、狭義では日本固有の単位とされるが、広義には東アジア全体で使用されていたものを指す。
＊＊「1貫分の目方」を意味する。

第4章 「重い」と「軽い」の境目は?

➡ 尺貫法による重さの表現

1貫（かん）
= 1,000 匁（もんめ）
= 100 両（りょう）
= 3.75 kg（キログラム）

1匁（もんめ）(文目)
= 10 分（ぶ）
= 3.75 g（グラム）

1分（ぶ）
= 10 厘（りん）
= 375 mg（ミリグラム）

体重の「$\frac{1}{10}$」が目安となる単位？
lb、デベン、キテ、ounce（oz）

　第3章で、スポーツで使われる単位はその発祥地に由来する、と書きましたが、どうも例外もあるようです。ボウリングのボールはヤード・ポンド法の重さ（質量）の単位である lb が使われますが、ボウリングのルーツは古代エジプトにあるといわれています*。その古代エジプトではデベンやキテ**という重さの単位があり、1デベンは「91g***」で、キテはその$\frac{1}{10}$。lbは使われていません。

　さて、ボウリングのボールを選択するときには、もち上げてみて「これくらいかな？」ということで選択することが多いのではないでしょうか。ただ、ボールを選択する場合には適切な重さがあり、体重の$\frac{1}{10}$を目安にするのがよいとされています。

　しかし、日本人で、自分の体重を即座にポンド単位でいえる人は少ないでしょう。1lbは453.59237g****です。ボールの重さは一般的に1lb刻みなので、体重70kgの人であれば15lbまたは16lbが適しているということになります。しかし、著者（伊藤）の感覚からすると、これだと重すぎる感じです。太りすぎということなのでしょうか…。

　気を取り直して筆を進めます。lbより軽いものはounce（s）で表し、ozとよく略されます。これはボクシンググローブの重さや香水の量（重さ）を示す単位として使用されています。1ozは28.3495231gですから、16ozが1lbとなります。46ページにあるように、インチとフィートの関係は12進法ですが、lbとozの関係は16進法で、国際単位系（SI）で使用されているメートル／キログラムでは、双方とも10進法になっているのと比較すると、使用しにくいように感じます。しかし、アメリカなどヤード・ポンド法

が主流の国では、10進法の利便性より、$\frac{1}{2}$ や $\frac{1}{4}$ など、分数により表現することを好むようです。

* 日本におけるボウリング発祥の地は、現在の長崎県長崎市松が枝町。
** 「ケテド」や「ケドト」と表記されているものもある。
*** 90g（グラム）とか 93.3g（グラム）という説もある。現在使われているものではないため「90g（グラム）くらい」ととらえておくのがよいだろう。
**** 一般に使用される「avoirdupois pound（常用ポンド）／ international pound（国際ポンド）」の場合。
　　 このほかに「トロイポンド」「薬用ポンド」「メートルポンド」があり、それぞれ値が異なる。

➡ 身の回りにある lb（ポンド）や oz（オンス）

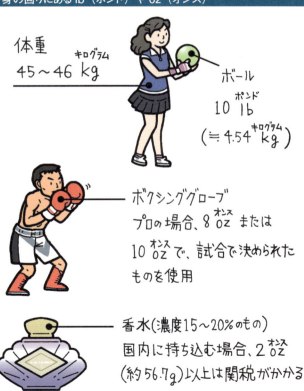

目いっぱい軽いものも量れる単位
gr

　最近では、非常に大きなものを示す「メガ」や「ギガ」「テラ」、反対に小さなものを示す「ナノ」という言葉をよく耳にします。前者はハンバーガーや丼物でとんでもなく量が多いものを示す場合に使われますし、後者は非常に小さな物質を制御する技術である「ナノテクノロジー*」などで使用されます。この「メガ」や「ナノ」は185ページにある接頭辞にほかならないのですが、大きさの程度を表す言葉として一般的に使われています。

　さて、非常に軽いものを量るときに使用される単位として、現在ではmg（ミリグラム）やμg（マイクログラム）、ng（ナノグラム）、pg（ピコグラム）などがありますが、ヤード・ポンド法にはgr（グレーン）という単位があります。お酒が好きな人は、この単位を聞いてウィスキーをイメージするかもしれませんね。発芽大麦以外の穀物を主原料としてつくったウィスキーを「グレーンウィスキー」といいますが、語源は同じなのです。もともと、メソポタミア地方において大麦の穂の中央から採れた種1粒の重さを基準とした単位で、1gr（グレーン）は0.06479891g（グラム）（64.79891mg（ミリグラム））と、非常に軽いものを量るための単位です。

　かつては錠剤（薬）を計量する単位としても使用されていたものの、現在ではもっぱら弾丸や火薬の質量を量るのに用いられているようです。真珠やダイヤモンドの質量を量るのに「metric（メートル） grain（グレーン）」または「pearl grain（パールグレーン）」という単位が使用されていたこともあるようですが、現在は、ダイヤモンドは「carat（カラット）」、真珠は「匁（もんめ）」が使われます。真珠について世界共通で匁（もんめ）が使われるのは、1893（明治26）年に真珠の養殖に初めて成功したのが日本の御木本幸吉（みきもとこうきち）氏であり、匁（もんめ）で計測したことに由来します。

＊ たびたび「ナノテク」と略される。1974年に元東京理科大学教授の谷口紀男（たにぐちのりお）氏が提唱したことから広がったといわれる。

第4章 「重い」と「軽い」の境目は?

➡ 1gr（グレーン）＝ 大麦の種1粒 ≒ 64.8mg（ミリグラム）

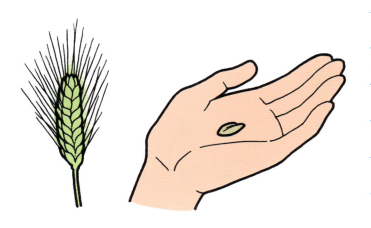

➡ 真珠の重さ（質量）の単位は匁（もんめ）

英語では「momme」と表記されるが、発音は「モミ」という

Column

「魂」の重さは $\frac{3}{4}$ オンス？

　科学者とは、ときに常人には思いつかない発想をするものです。アメリカ・マサチューセッツ州の医師ダンカン・マクドゥーガル（1866〜1920年）も、その1人。なんと「魂の重量」を計測しようと試みたのです。彼は6人の患者と15匹の犬を使い、死ぬときの体重の変化を記録しました。その結果、「人間は死の際に、呼気に含まれる水分や汗の蒸発とは異なるなんらかの重量を失うが、犬ではそういった重量の損失が起こらなかった」と1907年に学術誌で発表したところ、『The New York Times』が大々的に取り上げ、広く世に知られました。その重さは…というと「$\frac{3}{4}$ oz（約21g）」というものです。

　これに対して懐疑派の科学者からは「死の直後は呼吸が止まって血液の冷却が止まるので、一時的に体温が上がって発汗が促進される。この一時的な発汗の水分が $\frac{3}{4}$ oz である」との反論が寄せられるなど、この議論は1907年いっぱい続けられたといいます。

　現代の科学では否定されていますが、「魂の重さ」という命題は、オカルト好きはもとより、脳科学や実験心理学といった学問の分野をはじめ、小説やマンガなどさまざまなジャンルで今日でも影響を与えています。映画好きの人なら、2003年公開の『21グラム』を思い浮かべるかもしれませんね。

　かつて地動説を唱えたガリレオ・ガリレイの例もあることですし、21世紀の今日、魂の重量は $\frac{3}{4}$ oz だと証明される日がくるのかもしれません。

第5章

「広さ」と「量」、そして「角度」を表す単位

不動産の取り引きでは、土地や部屋の広さが価値を判断するうえで重要な要素になります。また、ガソリンや灯油、お酒、調味料などは、その量が正確でなければなりません。本章では、こうした広さや容量、それに加えて角度を表す単位を取り上げます。

農家の常識？　面積を表す多彩な単位
坪、分、町（丁）、反（段）、畝、歩、合、勺、ha、a

　26ページのコラムで取り上げたように、計量法の施行で、尺貫法を使用するのは原則として禁止されました。しかし、和楽器や日本建築の建物、農地などでは、慣習として尺貫法による単位が使われているため、これをメートル法に換算すると不便であることから、現在でも一般的に尺貫法による単位が使われます。本来、メートル法を使用しないと罰則もあるのですが、1976（昭和51）年に「尺貫法復権運動」が起きたことで、法律の改正には至らなかったものの、尺貫法を使用することにより罰則が適用されるということが徐々になくなったということです。

　さて、その尺貫法による面積の表現ですが、対象となるものにより単位が異なります。一般的な土地では坪または分を基本としますが、田畑や山林は町（丁）、反または段、畝、坪または歩、宅地や家屋では坪、合、勺が使われます。

　具体的には、右ページの図で示したように、10進法と30進法が混在しているので、計算するときにちょっと不便ですが、生活に根ざした単位です。

　1反は「1石」ともいわれ、石高制の基本になっていました。計算上は1反（段）が1石になるのですが、これはあくまでも目安であり、天候や土地の良し悪しにより収穫量は変わりますから、1反（段）で2石以上の米の収穫があるところもあったといわれます。

　これらは、国際単位系（SI）との併用が認められている非SI単位のhaで示されることもあります。この場合、1haは10,000m²（平方メートル）で、1aは、1haの $\frac{1}{100}$ の100m²となります。

第 5 章 「広さ」と「量」、そして「角度」を表す単位

➡ 田畑や山林の面積（地積）の場合

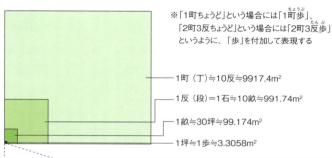

※「1町ちょうど」という場合には「1町歩(ちょうぶ)」、
「2町3反ちょうど」という場合には「2町3反歩(たんぶ)」
というように、「歩」を付加して表現する

- 1町（丁）≒10反≒9917.4m²
- 1反（段）＝1石≒10畝≒991.74m²
- 1畝≒30坪≒99.174m²
- 1坪≒1歩≒3.3058m²

➡ 宅地や家屋の面積（地積）の場合

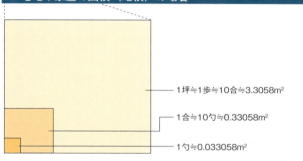

- 1坪≒1歩≒10合≒3.3058m²
- 1合≒10勺≒0.33058m²
- 1勺≒0.033058m²

➡ 国際単位系（SI）との併用が認められている非 SI 単位での表現

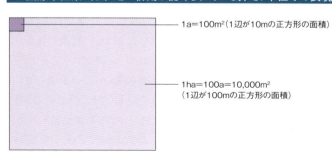

- 1a＝100m²（1辺が10mの正方形の面積）
- 1ha＝100a＝10,000m²
（1辺が100mの正方形の面積）

ヤード・ポンド法を使用する国の人はのんき？
m²、ac

　前項では、尺貫法による面積の単位を取り上げましたが、生活に根ざした単位であることから、直感的にわかりやすい部分があるものの、汎用性に欠けます。そのため、尺貫法を使いこなすには、ある種の慣れが必要となります。

　その点、国際単位系（SI）のm²（平方メートル）を使用すると、「1辺が〇mという長さを掛け合わせた広さ」と示すことができるため、明快であり、容易に計算できます。第1章で述べている組立単位が使用できるからです。

　第3章ではヤード・ポンド法による長さの表現を取り上げていますが、これで面積を表すとacという単位になります。1acは、1辺208.71ftの正方形の面積に等しく、0.4haに相当します。…といったところで、国際単位系（SI）のm²（平方メートル）を使い慣れた私たちにとっては、46〜49ページのヤード・ポンド法と見比べても、にわかにその広さがイメージできませんね。

　そもそもこのacという単位は「雄牛2頭引きの犂*を使って、1人が1日に耕すことのできる面積」と定義されていたもので、「かなりのんきな単位」といえます。そして、ヤード・ポンド法のお約束ともいえるように、イギリスとアメリカではその定義が異なり、さらにアメリカにおいても「国際エーカー」と「測量エーカー」が存在するため、日本人にとっては、なおさら使いにくい単位です。

　acという単位を知ることで、国際単位系（SI）が非常に合理的で計算もしやすいことがよくわかると思いますが、ヤード・ポンド法と比較すると尺貫法による表現のほうがわかりやすく感じるのは、著者（伊藤）が日本人だからでしょうか…。

*くわしくは、36ページ参照。

➡ ac（エーカー）による面積の表現

● 1 ac とは、もともとは雄牛2頭引きの犁を使って、1人が1日に耕せる広さを指す

これが犁

● アメリカで使われる土地の1区画

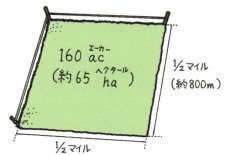

160 ac（約65 ha）
½マイル（約800m）
½マイル

1862年に制定された「ホームステッド法」または「自営農地法」と呼ばれる法律で定められた1区画の面積。この法律は、一定の条件を満たすことでアメリカ西部の未開発の土地を無償で払い下げるというもの。同法は1988年5月に適用されたのを最後に、廃止となった。

気になるガソリン価格、気にならない原油の単位（?）
barrel、gallon、L

　エネルギーとして使用する天然資源に乏しい日本では、原油価格が産業および経済に大きな影響を与えます。原油の単位は新聞やニュースで表されるとおりbarrel（バレル/バーレル）という単位です。語源が「（酒類の貯蔵に使われる）樽（たる）」であるこの単位は、大量の液体容量を示すであろうということは容易に推測できますが、ヤード・ポンド法による表現であり、私たちが日常的に使用する単位ではないので、イメージしにくい印象です。1barrel（バレル）は「石油用」の場合、42U.S. fluid gallon（米液量ガロン）＊で、国際単位系（SI）併用単位を使用して表すと約159L（リットル）に相当します。「石油用」と明記したのは「バレル」にしても「ガロン」にしても、その目的により複数の基準があるためです。国際単位系（SI）に照らし合わせると、ガロンは3.5～4.5L（リットル）の範囲になり、最大容量と最小容量では1Lもの開きが出るほど、範囲が広いものです。

　もともと、ヤード・ポンド法で使用されるgallon（ガロン）は、イギリスにおいて地域や測定する対象により異なっており、19世紀ごろに統合されたものの、それでも3種類の基準が残ったといいます。さらにアメリカでは、その基準を踏襲（とうしゅう）しつつ別の基準もつくられ、現在でも使用されているため、こうした状況になっています。

　商取引を行ううえで複数の単位を使用するのは不便だと思うのですが、長期間にわたり「そういうもの」として使用していれば、特に不自由や不都合はないのでしょうね。

　参考までに、国内において一般的には1L（リットル）で販売されている飲料が、沖縄では946mL（ミリリットル）で販売されています＊＊。これは、1/4ガロンに相当し、「クォーターガロン」と呼ばれる容量です。

＊　たんに「米ガロン（U.S. gal/USG）」と呼ぶと、これを指す。
＊＊　沖縄出身の友人から聞いた話。戦後も1972年まで米軍の施政権下に置かれたことが影響しているのだろうか。

第 5 章 「広さ」と「量」、そして「角度」を表す単位

➡ barrel（バレル/バーレル）と gallon（ガロン）の関係

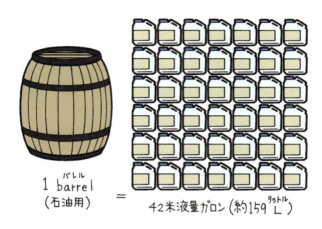

1 barrel（石油用） = 42米液量ガロン（約159 L）

➡ さまざまなガロン

米液量ガロン（米ガロン） 約3.8 L

米乾量ガロン 約4.4 L

英ガロン 約4.5 L

このほかに「ワインガロン」「エールガロン」「コーンガロン」などがあるが、それぞれ値が異なるほか、イギリスとアメリカで定義が異なり、現在では一般的に使用されることはなくなっている

和食を支える容量の単位?
升、合、勺、斗、石

　最近ではパック詰めやペットボトルで販売されていることも多い、日本酒や醤油。しかし、古くから使われてきた容器は瓶でした。現在でも一般的に1升瓶や4合瓶といいますね。その名のとおり、内容量が1升(1.8039L)、4合(0.72156L)の容器です。

　これは、尺貫法により体積を示す単位ですが、日本独自のもので、尺貫法を使用している東アジア諸国にはないものです。

　尺貫法における体積を示す単位は、78ページで取り上げている面積の単位と同様、複数あります。しかし、すべて10進法なので、面積の単位と比較すると扱いやすいものとなっています。

　1合といえば、居酒屋などで升酒として提供されているものなので、およその分量がイメージできると思います。これは10勺に相当します。1升は升酒10杯分、1斗は1升瓶10本分にあたります。業務用の溶剤や洗剤などの容器として使われる缶を一斗缶というので、イメージできるのではないでしょうか。40代以上の人なら、ザ・ドリフターズ、通称ドリフのコントでよく使われていたアレ…というと、どんなものか思い出すかもしれません(金ダライではないほうのアレです)。

　現在は、軽くて扱いやすいことから、灯油の運搬および保存用容器としてポリタンクが使われていますが、ちょうど1斗の容量となっています。参考までに、灯油用ポリタンクは紫外線による内容物の劣化を防ぐため不透明の着色がなされていますが、東日本では赤、西日本では青が主流のようです。

　そして10斗が1石になります。米1石は、大人1人の1年分の消費量の目安となっていました。1合が1食分(茶碗1杯分)で

第5章 「広さ」と「量」、そして「角度」を表す単位

すから、単純計算だと10カ月分にしかならないのですが、麦、アワ、ヒエなどほかの穀物も食していたことを考えると、おおよその消費量としては合致するように思えます。

➡ 尺貫法による体積の単位あれこれ

1石 = 10斗 ≒ 180.39 L

1斗 = 10升 ≒ 18.039 L

1升 = 10合 ≒ 1.8039 L

1合 = 10勺 ≒ 0.18039 L

あなたの車の排気量は？
cc、cm³、L、cu.in.

　自動車には、クーペ、ワゴン、セダンといった形態的なものや、乗用車、商用車といった用途による分類があります。しかし、もっとも標準的なのは「排気量」による分類でしょう。徴税の基準にもなっていますから。

　さて、この排気量は「エンジンがどれだけの空気（混合気）を吸入できるか」を表すもので、エンジンの容量を意味します。この定義を見ると、「排気量」より「吸気量」のほうが適切であるように思うのですが、それは、それとして。国内でよく使われてきた単位はccですが、これは非SI単位であり、計量法上、商取引では使用してはいけないため、スペック（主要諸元）ではcm³（立方センチメートル）を使用して表記されます。そもそもccは「cubic centimetre」の略ですから、単位として使用される記号が異なるだけで、意味している値は同一なのです。

　また、排気量についてはLで表現されることもあります。排気量が1,000cm³（立法センチメートル）の自動車を「リッターカー」と呼びますが、これはLという単位を基準とした呼称です。Lは、国際単位系（SI）の単位ではありませんが、併用が許されています。

　なお、依然としてヤード・ポンド法を使用するアメリカ製の乗用車では、古いものだと、cu.in.（立方インチ）と表記されているものもあります。日本人にとって直感的にわかりやすい表記ではありませんが、1inは2.54cmとして換算できるので、それにより国産車と比較することができます。

　なお、自動車に関連する単位として「馬力」がありますが、これについては第7章で取り上げます。

第 5 章 「広さ」と「量」、そして「角度」を表す単位

➡ 排気量の単位

大型の乗用車のエンジン 5,999 cc(シーシー)
= 5,999 cm³(立方センチメートル)
= 約 6 L(リットル)

軽自動車のエンジン 659 cc(シーシー)
= 659 cm³(立方センチメートル)
= 約 0.66 L(リットル)

ドライヤーの排気量 XXX cc(シーシー)

そもそも「排気」ではなく性能を知る手がかりにはなりませんよね

温度？　時間？…いえ、角度の単位です
度、分、秒、gon、grade、gradian

　度、分、秒という単位を聞いたら、なにが思い浮かぶでしょう。多くの方は温度と時間だと思います。しかし、これら3つの単位を並べて記述されたら、それは角度を表す単位です。小学生や中学生にとって、長さを測る「ものさし」と「三角定規」、そして「分度器」が定規における三種の神器といえるでしょう。このうち、分度器が角度を測るための定規ですね。

　一般的な分度器では、円を360等分して「どの程度の角度なのか」を表現する度という単位しか使用しませんが、より厳格な測定が必要となる測量では、1度を60等分した分、1分をさらに60等分した秒までが用いられます。時刻と同様、60進法なのですね*。そして、これらは「degree」「minute」「second」の先頭文字を取って「DMS」と略されます。そしてそれぞれ、度は「°」、分は「′」、秒は「″」という記号を使って表現されます。これは、時間と同じですね。

　分や秒は別として、私たちは角度を表現するときには「○度」というように表現します。しかし意外なことに、これは国際単位系（SI）ではなく、SI併用単位**なのですね。角度を示すSI単位については次項で取り上げることにします

　さて「分度器」というと、180度まで測定できる半円形のもの（半円分度器）が一般的ですが、これ以外に360度の測定が可能な「全円分度器」というものもあります。ただ筆者（伊藤）は、この分度器の実物を見たことはありません…。

---

* 非SI単位だが、10進数で角度を表すgon（ゴン）という単位もある。1gonは、直角（90度）の100分の1（0.9度）を意味する。これと同じ意味をもつものとして、「傾斜」や「勾配」という意味のgrade（グラード）、gradian（グラディアン）という単位もある。

**SIと併用してもかまわないとされている単位をこう呼ぶ。

➡ 角度を測定する機器あれこれ

もっとも一般的な「半円分度器」

製図など専門的な分野で使われる「全円分度器」

測量など専門的な場面で使われる「トランシット」

円グラフを作成する場合に便利な「割合分度器」

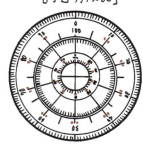

＊トランシットは、セオドライト経緯儀（けいいぎ）とも呼ばれる。

仲よくケーキを分けられる単位？
rad、sr、台、切（ピース）、号、本

　バースデーケーキのように円柱形をしているものを正確に分けるためには rad という単位を使用します。これは m をもとにした組立単位で、平面の角度を表すのに使用するものです。

　実際には、平面の円において、円の中心角とそれに対する弧の長さは比例するので、いったん糸をケーキの円周に沿って巻きつけてから外し、人数分の長さに分割して印をつけます。これをふたたび巻きつけ、糸の印に沿ってケーキに目印をつけ、その目印を頼りに中心からナイフを入れて切ればよいのです。

　さて、これを計算で求めるとすると、角度の比を示す rad という単位を使用します。1rad は、「弧の長さが半径と等しくなるときの中心角」を意味します。前項で取り上げた角度の表記（度数法）に対して「弧度法」と呼ばれます。また、円錐のような立体角を表現するには sr という単位を使用します。1sr は、球体の半径の平方を球体面から切り取るような角度になります。

　ところで、日本では人数に合わせて、ケーキを事前に分割して配りますが、スウェーデンの場合はケーキを回して各自が食べたい分だけ切り取っていくそうです。合理的な方法かもしれませんね。

　突然ですが、ケーキの単位*をご存じですか。バースデーケーキのように円筒型の丸い状態は台、切り分けた場合には切またはピース**、という単位で数えます。そして1台の大きさは号で示します。ところが、ロールケーキやパウンドケーキは、本で数えるんですね。

　　* 正確には単位ではなく「数え方」。
　　** または「個」で表すこともある。

第 5 章 「広さ」と「量」、そして「角度」を表す単位

➡ rad(ラジアン)と sr(ステラジアン)

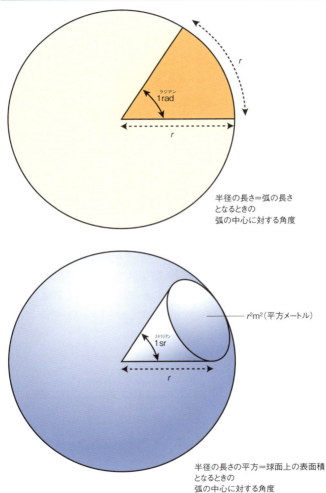

半径の長さ=弧の長さ
となるときの
弧の中心に対する角度

$r^2 m^2$(平方メートル)

半径の長さの平方=球面上の表面積
となるときの
弧の中心に対する角度

sr(ステラジアン)は、光など「放射束」計測の単位として使用される。

日本でしか通用しない「東京ドーム」という単位

「とても広い」とか「とても大きい」というものを示すとき、「東京ドーム○個分」といった表現をすることがあります。これは、当然のことながら国際単位系（SI）の単位ではありません。

しかし、非常に広大な土地やきわめて大きな容積をもったものは、正確な値をいったところで、その大きさをイメージすることは困難です。そこでよく用いられるのが、日本初のドーム型球場として誰もが知っている「東京ドーム」（建築面積：46,755m²〈平方メートル〉、容積：約124万m³〈立方メートル〉）を「1」として比較することで、対象物の広さや大きさ、容量などをイメージしてもらおうというアプローチです。

入場したことがないという方もたくさんいるでしょうが、野球場なのですから、その広さはだいたいイメージできると思います。また、ドーム型球場ということで、面積ばかりでなく容積の単位としても使用できるというメリットもあります。こうして考えると、なかなか便利な単位といえます。残念ながら、外国人相手には使用できない場面も数多くありそうですが。

➡ 外国人には理解できないかも…

第6章

現代人が気になる?
「時間」と「速度」の単位

ふだんの生活で、時間をまったく気にしない日はなかなかないでしょう。朝は何時に起きる? 電車の時間は? 仕事は何時から? などなど…。本章では、考えてみるとやはり気にせずにはいられない「時間」と、現代において求められることが多い「速度」を表す単位を取り上げます。

あなたの時計は正確ですか？
JST、UTC、GMT

　いま、あなたの身近にある時計の時刻は正確ですか。

　電波時計やスマートフォンの時計なら、きっと正確な時を刻んでいることでしょう。本当に便利な世の中です。

　でも、電波時計もスマートフォンもなく、自力で手もちの時計の時間を合わせようと思ったら、どうすればいいでしょうか？　テレビに表示されている時間を見るか、それとも117に電話をかけて時報を聞くでしょうか。では、なぜその時間は正しいのでしょうか？　理由は、それらの時間は日本標準時（JST）だからです。

　日本標準時は、国際的に決められた秒の定義*に従って、「セシウム原子時計」と「水素メーザ周波数標準器」からつくられています。より正確な時間をつくるために、18台ものセシウム原子時計の時刻を平均・合成するそうです。そして、標準周波数と日本標準時を日本全国に届けるために「標準電波」が送信されます。放送局や電話の時報サービスのもとになる親時計は、この標準電波を受信して日本標準時に合わせます。電波時計もこの電波を受信しているのですから、当然日本標準時と同じになりますね。

　では、世界の標準時はどのような基準なのでしょうか。それは、協定世界時（UTC）です。昔はグリニッジ平均時（GMT）が使われていましたが、現在ではグリニッジ平均時（GMT）を人工的に調整した時間を協定世界時（UTC）としています。実際、グリニッジ平均時（GMT）と協定世界時（UTC）は、100年間で18秒ほどずれるそうです。

　1884年に初めて世界の標準時を決めることになったのですが、すでに世界中で、イギリスのグリニッジを通る子午線**を基準と

第6章 現代人が気になる？「時間」と「速度」の単位

した海図や地図が使われていました。そのためグリニッジが世界の標準時になりました。そして、ここを0度として、東西に180度の経度が振られたのです。東西に180度ずつということは、地球をぐるっと360度にわたって経線が引かれたわけです。日本は東経135度が基準で、グリニッジ平均時よりも9時間進んでいることになります。

現在の世界基準は厳密には協定世界時（UTC）ですが、一般的には「世界の標準時は、グリニッジ平均時（日本ではグリニッジ標準時）」といわれることも多いようです。100年で18秒のずれということは、ほぼ同じ時間ですから、問題ないのでしょうね。

* くわしくは、59ページ参照。
** 子午線とは、ある地点を通り北極と南極を結んだ線のこと。中国で北の方角を子（ね）、南の方角を午（うま）と呼んだことが由来。

➡ 協定世界時は、うるう秒で調整される

前回のうるう秒は 2017年1月1日

日本時間 → 8時59分59秒
　　　　　　↓
　　　　　8時59分60秒 ← うるう秒
　　　　　　↓
　　　　　9時00分00秒

2017年までに27回のうるう秒調整があり、すべて1秒挿入されました

2017年1月1日、2015年7月1日、2012年7月1日、2009年1月1日、2006年1月1日、1999年1月1日…

1年は365日と6時間？
ユリウス暦、太陽暦（グレゴリオ暦）、太陰暦

　通常「1年は365日」といわれますが、厳密にはちょっと違うことはご存じですね。そう、「うるう年」があります。

　基本的に1年は、太陽から地球を見たと考えて、ぐるりと1周してもとの位置に戻るまでの周期を基準にしています。

　紀元前46年ごろにユリウス・カエサル（＝ジュリアス・シーザー）が制定したユリウス暦では、1年は365日と6時間とされ、4年に1度、うるう年がありました。この当時にしては、これでも非常に正確な暦でしたが、実際は4年ごとに44分ずつ太陽の周期とずれてしまいました。

　その後1582年にグレゴリオ暦が完成し、現在も使われているうるう年の計算が行われることになりました。現在のうるう年は「4で割れる年は1年を366日とする。ただし100で割り切れる年は365日のままとし、例外として400で割り切れる年は366日とする」という決まりです*。1年は平均して365.2422日（365日と約5.8128時間）となりました。

　1か月の日数は、すでに紀元前8年以降は現在と同じで、1月・3月・5月・7月・8月・10月・12月が31日まで、4月・6月・9月・11月が30日まで、2月は平年が28日、うるう年が29日までとされました。

　日本では1872（明治5）年に、それまで使用していた太陰暦が廃止され、太陽暦（グレゴリオ暦）が採用されました。それまで千年以上も使用されてきた太陰暦は、月の満ち欠けを1か月とする暦で、月を見ればだいたい日にちがわかるので便利ですが、そのままいくと1年がどんどんずれてしまうため、2、3年に1度はうるう

第6章 現代人が気になる？「時間」と「速度」の単位

月を入れなければなりませんでした。1か月分も日にちが増える年があるとは、なんとも大ざっぱな暦ですね。

* ここでいう「年」は西暦年のこと。

まばたきするより短い時間？
ms、μs、ns

　国際単位系 (SI) の1つである「秒」は、すべての時間の基準になっています。ご存じのように、60秒で1分、60分で1時間、24時間で1日となりますね。

　それとは逆方向に考えると、1秒より短い時間もあります。いまでは私たちの生活になくてはならないコンピュータの内部では、人間にはまねできないほど短い時間でいろいろなものが動作しています。たとえばハードディスクからデータを読み書きするための「ヘッド」と呼ばれる装置部分の移動時間は、「数ms（ミリ秒）」だそうです。1ms（ミリ秒）は1秒の1,000分の1ですから、数msとはなんと速いことでしょう！　などと驚いている場合ではありません。コンピュータの内部では、もっともっと速い時間で処理が行われているのです。1ms（ミリ秒）の1,000分の1であるμs（マイクロ秒）や、さらに1μsの1,000分の1のns（ナノ秒）といった時間単位も使われています。そこまでいくとまったく想像できません…。

　人間がコンピュータ内部の速度に追いつけないのは仕方ありませんが、スポーツの世界では結構1,000分の1秒が使われているようです。たとえば、冬のスポーツ、スピードスケートなどの競技では100分の1秒単位でタイムが表示されますが、リュージュやボブスレーなど、最高時速が120km以上も出るような競技では1,000分の1秒、つまりミリ秒単位でタイムを計測するそうです。ボブスレーは最高時速が130〜140kmになるらしく、「氷上のF1」とも呼ばれています。

　その本家モータースポーツのF1のタイムも、当然ながら1,000

第 6 章　現代人が気になる?「時間」と「速度」の単位

分の1秒で計測します。写真判定はできないでしょうから、どうやって計測するのかと思ったら、車の中に「トランスポンダー」と呼ばれる計測器を積んでいて、そのトランスポンダーの搭載位置が計測ラインを通過した瞬間に、タイムが記録されるしくみのようです。1997年のヨーロッパGPの予選で、1位から3位までのラップタイムが、1,000分の1秒までピッタリ同じということがあったそうです。あんなスピードで走って1,000分の1秒レベルで同じタイムとは、信じられません。1,000分の1秒の計測では足りないとすると、もっと細かい単位でタイム計測する時代がやってくるのでしょうか。そうなると、人間の感覚が追いつかないかもしれませんね。

➡ まばたきしている間に…

地球の重力を振り切って宇宙に飛び出す速度!?
km/h、ノット、海里

　第1章にも出てきましたが、速さは「距離÷時間」で計算できます。また、それはそのまま単位となります。時速○○キロメートルといえば、1時間に何km進むかを表し、単位はkm/h（キロメートル毎時）ですね。

　地球の周りをぐるぐる飛んでいる人工衛星ですが、高度200kmあたりを回っているものは、秒速7.9kmほどで飛んでいます。この速度は地球の周りを1周するのに約1時間半かかり、「第一宇宙速度」と呼ばれます。気象衛星ひまわりなどは静止衛星と呼ばれますが、これは地球から見て静止している、つまり地球と同じ速度で回っている衛星のことです。地球は23時間56分4秒で自転しているので、それに合わせると秒速約3.08kmで回らなければなりません。そして、それが可能なのは赤道上の高度35,786kmの位置しかないそうです。高度が高い分、速度が遅くても地球の重力と釣り合いがとれるのですね。

　では、静止しているばかりではなく、宇宙に飛び出していくにはどの程度の速度が必要なのでしょうか？　地球の重力を振り切るためには、秒速11.2kmが必要だそうです。これを「第二宇宙速度」といいます。さらに、太陽系から飛び出すためには秒速16.7kmが必要になり、「第三宇宙速度」と呼ばれます。

　さて、ふたたび地球に戻ってきて、もっとゆっくりした速度も見てみましょう。陸上を移動する乗りものの速度は、先に出てきたkm/h（キロメートル毎時）がよく使われますが、水上での移動速度にはノットを使います。1ノットは、1時間に1海里（1.852km）進む速度ですから、時速1.852kmということで、かなりゆっくり

第6章 現代人が気になる？「時間」と「速度」の単位

です。ノットは英語の「knot」、「結び目、こぶ」という意味で、一定間隔で結び目をつくったロープを船につないで、船の速度を調べるのに使ったことが由来のようです。

➡ いろいろな宇宙機の速度を比べてみよう

打ち上げ年	名前など	速度
1957年	スプートニク1号 人類最初の人工衛星(旧ソビエト連邦)	8km/s(平均)
1973年	スカイラブ 宇宙ステーション(NASA)	7.77km/s(軌道)
1977年	ボイジャー1号 無人宇宙探査機(NASA)	62,140km/h(最高) 17.0km/s(平均)
1977年	ボイジャー2号 無人宇宙探査機(NASA)	57,890km/h(最高) 15.4km/s(平均)
1986年	ミール 宇宙ステーション(旧ソビエト連邦)	27,700km/h(最高) 7.69km/s(軌道)
1989年	ガリレオ 木星探査機(NASA)	173,800km/h(最高) 48km/s(軌道)
2003年	はやぶさ 小惑星探査機(ISAS〈現JAXA〉)	30km/s(平均)
2011年	ジュノー 木星探査機(NASA)	265,000km/h(最高) 0.17km/s(軌道)
2011年※	国際宇宙ステーション 宇宙ステーション(全15か国)	27,600km/h(最高) 7.66km/s(軌道)

※ 1999年から宇宙で組み立てられ始め、2011年に完成。

回転数でなにがわかる？
rpm、rps

　時間と速度に関連した単位に、回転数(＝回転速度)があります。ある時間あたりに、ものが回転した回数で表します。1分あたりの回転数はrpm(Revolutions Per Minute)、1秒あたりの回転数はrps(Revolutions Per Second)を使います。パソコンのハードディスクや自動車のエンジンなどの回転数の場合は、一般的にrpmのほうを使います。

　自動車やバイクの回転計を「tachometer」といい、これがあればエンジンの回転数を知ることができます。「タコメーター」という名前は、ギリシャ語で「速度」という意味の「takhos」が由来になっています。最初のころの自動車にはタコメーターはなく、ドライバーは自分の勘に頼って運転していたそうです。最近のタコメーターがついていない自動車では、エンジンの回転数を運転手は気にする必要がなく、細かいことは自動車にすべてお任せ…といったところでしょうか。

　スポーツの世界では、データ解析があたりまえのように行われています。たとえば野球の世界では、打率や安打数、出塁率などのデータを分析しているでしょう。球速、つまり投手の投げた球のスピードが表示される場面も、テレビなどでおなじみですね。

　アメリカのメジャーリーグでは、2015年から「Statcast」というシステムが導入されていて、瞬時にさまざまな計測ができるようになっています。打者については、スイング速度、打ちだし角度、打球の方向など。投手については、球速は当然のことながら、手から球が離れた位置から球の回転数まで。そのうえ、誰でもこれらのデータを3次元映像で見られるようになっています。

第6章 現代人が気になる?「時間」と「速度」の単位

　ちなみに、投手の投げる球にはいろいろな種類(球種)がありますが、回転数が多ければよいわけではないようで、あえて回転数を落とす、ということもしているそうです。

　実際、投手の球の回転数はどれくらいなのでしょうか。カーブに関しては、2016年のメジャーリーグ第1位は3,498rpm(アールピーエム)、平均が2,473rpm(アールピーエム)だそうです。1分間に3,498回ということは、1秒間に58.3回。そう計算できますが、想像を超える回転数ですね。

➡ ハンディタコメーターで回転数を測る

「ハンディタコメーターっていう、回転数を測れるものがあるんだ」
「コマの回転数を測ってみよう」
「へぇ〜」

「最近はやりのハンドスピナーの回転数も測れるかな」

「それより、君の頭の回転数を測ろうか?」
「冗談だよ〜」
「測れないって」

中世の時計は針が1本だけだった

　最初の時計は、やはり日時計で、紀元前3000年以上前から使われていたようです。その後、水時計や砂時計、なにかを燃焼させて時間を計る燃焼時計（火縄時計・ロウソク時計・ランプ時計・線香時計など）もつくられました。ヨーロッパで機械式の時計がつくられたのは13世紀の終わりごろで、1日を24等分した文字盤と針がついていました。ただし、その時計の針は、いまの時計の短針にあたる1本だけでした。そのうえ、その時計はどこにでもあるわけではなく、特定の寺院の塔などにしか設置されなかったため、いくらのんびり暮らしていた当時でも、結局その時計では正確な時間がわからず、一般の人たちは毎日礼拝の時を告げる鐘の音を聞いて時間を知ったそうです。

　1500年ごろ、ドイツ人のペーター・ヘンラインという人がゼンマイを発明しました。それまでの機械式時計は、おもりを使って動かしていて、大きくて重さもあったため、とても携帯するのは無理でした。ゼンマイの発明によって、小さい時計がつくれるようになっていったということです。

➡ 日時計の例

　ちなみに、時計が右回りなのは、北半球の日時計の影が移動する方向に合わせたからだそうです。

第7章

「エネルギー」にまつわる単位

私たちが生きていくうえで、欠かすことのできないものがエネルギーです。本章では、仕事量や熱量、風量など、エネルギーを表すさまざまな単位を取り上げます。

ワットは蒸気機関を発明したのか？
kW、W、J

　自動車やバイクのカタログを見ると、最高出力という項目で「353kW【480PS】/6,400rpm」などという記述があります。最初に書かれている「353kW」のkW（キロワット）が仕事率の単位です（353kWは353,000W（ワット）ということになりますね）。

　W（ワット）と聞くと、「電力の単位では？」と思う方が多いかもしれませんが、電力とは「電気の仕事率のこと」と考えれば納得できるでしょうか。1Wは、1秒間に1J（ジュール）＊の仕事をこなす力です。ここでは、ある量の仕事を1秒間にする力がW（ワット）ということまでにしておきます。

　W（ワット）という単位は、あとからつけられたものなのです。蒸気機関を発明したといわれるジェームス・ワットの名前が単位名になったことは、知っている人も多いのではないでしょうか。

　実は、蒸気機関自体を発明したのはワットではありません。蒸気機関は古くから存在し、ワットが改良する前にも幾人かが改良を試み、商用の蒸気機関がありました。しかし、それらの蒸気機関は非常に効率が悪く、運転するにはたくさんの石炭が必要でした＊＊。それを20年ほどかけて改良し、3分の1ほどの石炭で同じだけの仕事ができるという、画期的な蒸気機関をつくったのがワットなのです。

　また、それまではたんにピストンの往復運動だけであったのを、その運動を回転運動に変えるしくみも考えたのです。これにより飛躍的に効率が改善され、蒸気機関はさまざまな分野で使われるようになったため、「蒸気機関はワットが発明した」といわれるようになったようです。なるほど「実用的な蒸気機関

第7章 「エネルギー」にまつわる単位

の発明者」ということなのでしょうね。そして、彼の功績をたたえ、仕事率の単位はW(ワット)になりました。

*1J（ジュール）の仕事量について、くわしくは110ページ参照。
** 鉱山の排水用の蒸気機関で、掘り出した石炭の3分の1も消費していたとのこと。

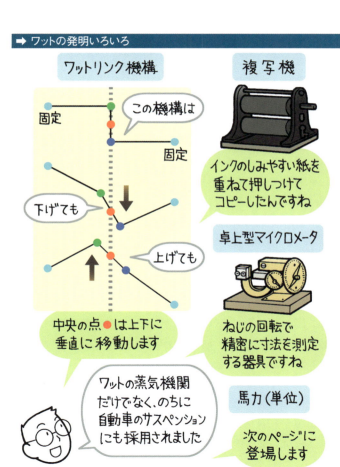

イギリスの馬は力もち？
馬力、ft-lb、HP、PS

　もしあなたが自動車やバイクを好きなら、馬力という単位をご存じでしょう。そうでない人でも、どこかで*聞いたことがあるかもしれません。日本では、自動車やバイクの出力を表す場合に馬力を使ってきましたが、1999年からは国際単位系（SI）のWを使うことになり、馬力は併記が許されることになりました。106ページにでてきた自動車の最高出力の2番目に記述されている「480PS」という部分が、馬力を表します。

　1馬力とはいったいどのくらいのパワーなのでしょうか。1馬力は「1秒間に75kg重の力で物体を垂直方向に1mもち上げたときの仕事率」となります。ということは、75kgのバーベルを1秒間で1mもち上げる⁉　という、ちょっと普通の人間には厳しい要求です。さすが、馬は力もちです。

　でも、なぜ馬の力が単位になったのでしょうか？　馬力という単位を考案したのは、前項で紹介したWでおなじみのジェームス・ワットでした。彼は自分の発明した蒸気機関がどのくらいの仕事をするかを示すために、当時いちばんの動力源だった馬を基準とすることにしました。それには馬がどれだけの仕事をするか調べる必要があります。ワットは駆動装置に馬をつないで仕事率を測定しました。その結果、毎分33,000ft-lb＝毎秒550ft-lbの仕事をするのが、1馬力となりました。ポンド法で計算されたこの馬力の単位はHP（英馬力）**ですが、のちにそれをメートル法に換算した単位がPS（仏馬力）***です。HPとPSをWに換算すると、1HPは約745.7W、1PSは約735.5Wと微妙な差があります。なぜこういうことになったのでしょうか。550ft-lb/s（フィートポンド毎

第 7 章 「エネルギー」にまつわる単位

秒)をメートル法に換算すると約76.040225kgf m/s(重量キログラムメートル毎秒)となるため、これをキリのよい数字にしようということで、75kgf m/sになったそうです。イギリスの馬のほうが力もちだから、というわけではなさそうですね。日本ではメートル法が使われているため、一般的には馬力の単位についてはPSのほうを使います。

* 「鉄腕アトム」の主題歌とか…。
** 「Horse Power」の略。
*** 「Pferde Stärke」の略。ドイツ語で「Pferde」が馬で、「Stärke」が力を意味する。

馬力だけじゃ性能はわからないけれど…

➡ いろいろな馬力を見てみよう

	車種名など	概要	最高出力
乗用	日産「GT-R LM NISMO」	レーシングカー	600PS
	ホンダ「NSX」2代目 NC1型	スポーツカー	507PS
	レクサス「LC」	トヨタ自動車の高級車	477PS
貨物用	いすゞ「ギガ」6UZ1-TCS搭載車	20t級大型トラック	380PS
	三菱ふそう「スーパーグレート」6R20(T3)搭載車	10t級大型トラック	428PS
農業用	ヤンマー「YT5113」	デザインも話題になったホイールトラクター※	113PS
	クボタ「GENEST」M135GE	第4次排ガス規制対応のホイールトラクター※	135PS
	イセキ「BIG-T7726」	大排気量エンジンを搭載したホイールトラクター※	258.5PS
バイク	カワサキ「Ninja H2」	レースなどに使われる大型自動二輪車(オートバイ)	205PS
	ヤマハ「YZF-R1」2015年モデル	スーパースポーツタイプの大型自動二輪車(オートバイ)	200PS
	スズキ「GSX-R1000R」	スーパースポーツタイプの大型自動二輪車(オートバイ)	197PS

※タイヤ式のトラクター。クローラートラクターと区別してこう呼ぶ。

ジュールは働き者?
J、N、erg

　国際単位系(SI)での仕事量(エネルギー)には、Jという単位を使います。1Jは「1Nの力が物体を1m動かすときの仕事量」を表します。「…といわれても、それってどのくらい?」とか「いまいちピンとこない」という人が多いでしょう。そこで、例を挙げてみることにします。

　ここに少し小さめのリンゴがあるとします。重さが100gとちょっとくらいです*。このリンゴを1mもち上げるところを想像してみてください。このくらいの仕事量が1Jになります。106ページの「1Wは、1秒間に1Jの仕事をこなす力」というのは、1秒間にリンゴを1mもち上げる力ということになるでしょうか。ちなみに、私たちがふだん使っている単3電池1本には、約1kJのエネルギーがあるそうです。

　Jは、Wと同じように人名に由来する単位名です。1Jの定義にはNが出てくるのですが、Nも人名に由来する単位ですから、それも展開すると次のようになります。

　$1J = 1Nm = 1kg\ m^2/s^2$

　単位が「$kg\ m^2/s^2$」では、長くて大変ですよね。ですから、電気と熱の発熱量などを研究し、Jの法則で知られるイギリスの物理学者ジェームス・プレスコット・ジュールの名前がつけられました。ニュートンについての話は、第10章に登場します。

　J以外のエネルギーに関する単位には、ergというものがあります。ただし、この単位は非SI(国際単位系)であり、Jに換算すると1ergは1千万分の1Jになります。

* 数値でいうと約102g(グラム)。

第7章 「エネルギー」にまつわる単位

➡ ジュール熱ってなんだろう？

ジュール熱は電気抵抗のある導体に電流を流した時に発生する熱のこと

導体は、金属などの電気が流れやすい物質のことですね

たとえば…

食料自給率の計算にはカロリーが使われる
cal、kcal

　食品のパッケージや、ときにはレストランのメニューにも、カロリーの表示がついていることがあります。見てしまうと結構気になる、という人は少なくないでしょう。実はcal（カロリー）という単位は、極力使わないように！　と国際的にはいわれているのです。

　日本の計量法でも、1999年10月以降はcalの用途が限定されました。1cal（カロリー）は1g（グラム）の水を1℃（ドシー）上昇させるために必要な熱量です。国際単位系（SI）の熱量の単位はJ（ジュール）ですから、できるだけそちらを使いなさいというわけです。厳密には水の温度により必要な熱量が変わってしまうので、標準カロリーでは14.5℃（ドシー）を15.5℃（ドシー）に上げる熱量と決められていて、標準カロリーの1cal（カロリー）は4.1850J（ジュール）だそうです。

　ところで、「日本の食糧自給率が下がっている」という話を聞いたことがありますか。なぜそんな話が出たかというと、食糧自給率は、カロリーベースで計算されているのです。1人1日あたりの国産供給熱量を1人1日あたりの供給熱量で割って計算されています。たとえば、2016（平成28）年度では、1人1日あたりの国産供給熱量が913kcal（キロカロリー）で、1人1日あたりの供給熱量が2,429kcal（キロカロリー）なので、913÷2,429で、食料自給率は約38％（パーセント）となります。

　農林水産省公開のデータによると、日本の食糧自給率は、1961（昭和36）年は78％（パーセント）でいまより高かったのですが、20年ごとに見ると、1981年52％（パーセント）、2001年40％（パーセント）と、たしかにどんどん下がっています。外国のデータも見てみると、食糧自給率が高いオーストラリアの場合、1961年は204％（パーセント）で、その後も変化はありますが、日本のようにどんどん下がっていることはありません。カナダの場合は、1961年は102％（パーセント）で、その後どんどん上がって、2011年にはな

第7章 「エネルギー」にまつわる単位

んと258%と、オーストラリアを抜いてしまいました。

　ちなみに、食糧自給率にはもう1つ、生産額ベースで計算する方法もあります。食料の国内生産額を食料の国内消費仕向額*で割ります。たとえば2016年度は、国内生産額が10.9兆円、国内消費仕向額が16.0兆円なので、68%という計算結果になります。

* 国内市場で1年間に出回った食料の金額。「国内生産額＋輸入額－輸出額－在庫の増加額」で計算される。

➡ 都道府県別の食糧自給率を見てみよう!

2015年度概算値(単位：%)

	カロリーベース		生産額ベース	
第1位	北海道	221	宮崎県	287
第2位	秋田県	196	鹿児島県	258
第3位	山形県	142	青森県	233
第4位	青森県	124	北海道	212
第5位	岩手県	110	岩手県	181
⋮	⋮	⋮	⋮	⋮
第43位	愛知県	12	奈良県	22
第44位	埼玉県	10	埼玉県	21
第45位	神奈川県	2	神奈川県	13
第46位	大阪府	2	大阪府	5
第47位	東京都	1	東京都	3
	全国平均	39	全国平均	66

出典：『都道府県別食料自給率の推移（カロリーベース、生産額ベース）』（農林水産省）

北海道でも十勝地域は
食料自給率
1,200%超えとか！
(カロリーベース、2017年現在)

エネルギーを生み出す発電所
W、Wh、kWh

　私たちの生活になくてはならないものの1つに電力があります。発電所または発電機によってつくられる電力ですが、その能力は時間あたりの発電量（単位はW(ワット)）で表されます。たとえば100Wの発電機を5時間運転したときの発電量は、500Wh（ワット時）となります。日本での年間発電電力量は2014年度のデータによると、水力発電約870億kWh（キロワット時）＊、火力発電約9,550億kWh、風力発電約50億kWh、太陽光発電約38億kWh、地熱発電約26億kWhでした。2014年度は、原子力発電所は稼働しませんでした。

　世の中には、さまざまな発電所がありますが、それぞれ長所と短所があるようです。たとえば水力発電の場合は、水が落ちる力で発電するので、二酸化炭素を排出せず、発電力の調整も容易です。一方で、ダムをつくるための初期費用が高く、自然破壊などの問題も起きます。

　火力発電の場合は、大量に電気をつくることができ、量の調節もしやすいのですが、二酸化炭素を排出してしまいます。さらに日本では、燃料をほとんど輸入しています。2011年に発生した東日本大震災の1年前まで、火力発電の割合は約6割でした。しかし、震災により原子力発電所が停止し、2014年には火力発電量が全体の9割になりました。そのため、2010年度に比べて2014年度は、二酸化炭素排出量が20%（パーセント）増えてしまったそうです。

　原子力発電は、少ない燃料で大量の電力をつくることができ、発電時に二酸化炭素は排出しませんが、福島原発事故でわかったように、放射性廃棄物が発生し、その処理や安全性が心配です。

第7章 「エネルギー」にまつわる単位

　風力発電は二酸化炭素を排出せず、燃料も必要ありませんが、風が弱いと発電できないといった弱みがあります。

　太陽光発電は二酸化炭素を排出しませんが、大量の電力をつくるには広い土地が必要で、夜間や雨の日などは発電できません。

　どの発電方法にも、長所と短所があるわけですね。燃料を使わず二酸化炭素も排出せず、安全に大量の電力をつくる方法があればよいのですが…。

*1kWh（キロワット時）=1,000Wh（ワット時）。

➡ 世界の電力消費量をチェック

2014年の1人あたり電力消費量（単位：kWh/人・年）

国	消費量
カナダ	15,544
アメリカ	12,962
韓国	10,564
日本	7,829
ドイツ	7,035
フランス	6,955
ロシア	6,603
イギリス	5,131
イタリア	5,002
中国	3,927
世界平均	3,030
ブラジル	2,578
インド	805

日本は世界平均の2倍以上使っているんですね

国別の電力消費割合は中国24%、アメリカ19%、日本5%なんです
そしてインドも同じ5%！
人口が違いますからね

台風のエネルギーは日本の電力50年分⁉
m/s、風力階級

　台風の強さは「最大風速」が基準になります。風速は、読んで字のごとく「風が吹く速さ」のことで、単位はm/s（メートル毎秒）を使います。ただし、風の吹き方というのは一定ではないため、10分間ごとに平均を取ります[*]。気象台などの風速計は、0.25秒ごとに測定結果をコンピュータに送って平均しています。平均を計算するための個々の測定値を「瞬間風速」と呼び、その中の最大値を「最大瞬間風速」といいます。また、平均した値の中の最大値を「最大風速」と呼びます。

　台風の強さには「強い」「非常に強い」「猛烈な」の3つがあります。最大風速が33m/s（メートル毎秒）以上44m/s未満の台風が「強い」、44m/s以上54m/s未満の台風が「非常に強い」、それ以上は「猛烈な」というように分類されます。

　風速計がないときなどに風速の程度を目測するために、風速を階級に分けたものが風力階級で、現在は「ビューフォート風力階級」が広く使われています。これは、イギリスの海軍提督フランシス・ビューフォートが1805年に考案し、そののち改良が加えられて、1964年に風力の世界標準として世界気象機関に採択されたものです。日本の気象庁では、これを翻訳したものを採用しています。風力が0〜12の13階級に分類され、それぞれの階級での風速や陸上の様子、海上の様子が示されています[**]。

　台風を表すものには、強さのほかにもう1つ「大きさ」があり、「大型（大きい）」と「超大型（非常に大きい）」の2つがあります。「大型」は風速15m/s（メートル毎秒）以上で、かつ半径が「500km以上〜800km未満」、「超大型」は「800km以上」なので、超大型はも

第7章 「エネルギー」にまつわる単位

う少しで日本列島がすっぽりと入ってしまうくらいのサイズです。

ちなみに大型の台風1個には、なんと日本の電力需要50年分に相当するエネルギーがあるそうです。このエネルギーが活用できればいいのに、と思っていたら、すばらしいことに、すでに日本で、世界初の台風発電の技術開発が始まっているようですよ。1日も早い実用化を期待しましょう。

* 日本では10分間だが、アメリカでは1分間の平均を算出する。
** 下の表では「陸上の様子」のみ紹介。

➡ ビューフォート風力階級

風力階級(風級)	風速※(m/s)	英語	日本語	陸上の様子
風力0	0～0.3	calm	静穏	煙はまっすぐ昇る
風力1	0.3～1.6	light air	至軽風	風向きは煙のたなびきでわかるが、風見には感じない
風力2	1.6～3.4	light breeze	軽風	顔に風を感じる。木の葉が動く。風見が動き出す
風力3	3.4～5.5	gentle breeze	軟風	木の葉や細い小枝が絶えず動く。軽い旗が開く
風力4	5.5～8.0	moderate breeze	和風	砂埃が立ち、紙片が舞い上がる。小枝が動く
風力5	8.0～10.8	fresh breeze	疾風	葉のある灌木が揺れ始める。池や沼の水面に波頭が立つ
風力6	10.8～13.9	strong breeze	雄風	大枝が動く。電線が鳴る。傘をさしにくい
風力7	13.9～17.2	moderate gale	強風	樹木全体が揺れる。風に向かっては歩きにくい
風力8	17.2～20.8	fresh gale	疾強風	小枝が折れる。風に向かっては歩けない
風力9	20.8～24.5	strong gale	大強風	人家にわずかな損害が出る(煙突が倒れ、瓦がはがれる)
風力10	24.5～28.5	whole gale	暴風	内陸部ではめずらしい。樹木が根こそぎ倒れる。人家に大損害が出る
風力11	28.5～32.7	violent storm	烈風	めったに起こらない。広い範囲の破壊をともなう
風力12	32.7～	hurricane	颶風	被害がさらに甚大になる

※風速は地上10m(メートル)で測定。

地震エネルギーの単位は？
震度、M

　ほとんどの人が知っていると思いますが、「どのくらいの地震か」伝えたい場合、震度やMを使います。

　震度は、ある地点で地震によってどれくらい揺れたかを表す単位で、日本では「気象庁震度階級」によって10段階に決められています。以前は、体感と周囲の状況から震度が推定されていましたが、1996（平成8）年からは「計測震度計」を使って自動的に観測されています。全国の地震速報が以前より早くくわしく報じられるようになったのは、全国の約600地点に震度観測点が設置されているおかげなのです。

　震度がある地点での揺れの大きさを表すのに対して、「M」は地震の規模を示します。アメリカの地震学者チャールズ・フランシス・リヒターが考案しました。リヒターは、震源から100km離れた地震計の中で、最大の値を記録したものの針の振れ幅を「M」としました。そのとき、揺れ幅をそのまま値にするのではなく、その数字の桁数を「M」として、大きい地震でも少ない桁数で表せるように工夫したのです。そのため、「M」が1増えると地震エネルギーは約32倍に、2増えると32倍の32倍となり、約1,000倍にもなります。

　一般的に使われている「M」は、8.5以上は表せないため、震源となった断層のずれの量や面積、断層付近の岩盤の性質などから求める「モーメントマグニチュード」が使われることもあります。ただ、こちらは地震波を長時間観測しなければならず、地震速報で使うことはできません。その代わり、どんな大きさの地震でも表せるので、大規模な地震の場合に有用です。

第 7 章 「エネルギー」にまつわる単位

➡ 震度と M の違い

震源の深さや地形、地質にもよるが、
遠くなるほど震度は小さくなる

震度7　　震度5　　震度1

マグニチュード
M7　✕震源

➡ 震度の階級

震度階級	計測震度	人間の体感
0	0.5未満	人は揺れを感じない
1	0.5以上1.5未満	屋内にいる人の一部が、わずかな揺れを感じる
2	1.5以上2.5未満	屋内にいる人の多くが揺れを感じる。眠っている人の一部が目を覚ます
3	2.5以上3.5未満	屋内にいる人のほとんどが揺れを感じる。恐怖感を覚える人もいる
4	3.5以上4.5未満	かなりの恐怖感があり、眠っている人のほとんどが目を覚ます
5弱	4.5以上5.0未満	多くの人が、身の安全を図ろうとする。一部の人は、行動に支障をきたす
5強	5.0以上5.5未満	非常な恐怖を感じる。多くの人が行動に支障をきたす
6弱	5.5以上6.0未満	立っていることが困難になる
6強	6.0以上6.5未満	立っていることができず、はわないと動くことができない
7	6.5以上	揺れにほんろうされ、自分の意志で行動できない

➡ 世界の大きな地震 （観測史上でマグニチュードが大きい順）

①	チリ地震（1960年）	$M9.5$
②	スマトラ島沖地震（2004年）	$M9.1〜9.3$
③	アラスカ地震（1964年）	$M9.2$
④	スマトラ島沖地震（1833年）	$M8.8〜9.2$
⑤	カスケード地震（1700年）	$M8.7〜9.2$
⑥	東北地方太平洋沖地震（2011年）	$M9.0$
⑦	カムチャツカ地震（1952年）	$M9.0$

Column

風力エネルギーで大活躍するヒーロー、仮面ライダー

　日本の特撮テレビ番組といえば「ウルトラマン」シリーズがありますが、それと並んで代表的なものに「仮面ライダー」シリーズがあります。ご存じの方も多いかもしれませんが、仮面ライダーって、風の力を利用して変身していたのですね。

　初期の仮面ライダー1号は、ベルトの風車（タイフーン）に風を受けることによって、仮面ライダーの姿に変身します。タイフーンから取り入れた風力エネルギーで、体内の小型原子炉を起動させて動力源にしているとか。風を受けるためにバイクに乗ったり、ビルから飛び降りたりしていました。

　その次に登場した2号は、ジャンプを1回すればその風力で変身できるそうですが、風を受けて変身するだけではなく、風力を蓄える機能がベルトについているそうです（すごい！）。これは、風がなくても変身できるようにつくられた機能と思われますが、それにしても、風力がためられたらどんなに便利でしょう。

　…と思ったら、最近ではできた電力を蓄電システムを使ってためておくことができる、意外に安価な家庭用の風力発電機もあるようです。風力発電だけですべての電力をまかなうのは無理かもしれませんが、太陽光発電と組み合わせたりして、数十年したら一家に1台という時代がくるかもしれませんね。

➡ 風力発電（イメージ）

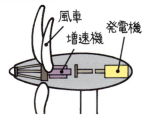

第8章

目には見えない「音」と「温度」を表す単位

「空耳」という言葉があるように、人間の聴覚はときには非常にあいまいなものです。本章では、そのあいまいな聴覚で感じる「音」に関する単位、そして「温度」を表す単位について取り上げます。

なぜ音が聞こえるのか?
dB、phon、sone

　人間の耳で音が聞けるのは、空気があるからです。空気を伝わる振動のうち、人間の耳に聞こえるものが「音」です。そしてその振動の強さを「音圧」と呼び、音圧のレベルを表すのに dB という単位を使います。ここで「レベル」といいましたが、dBは音圧を測定した値そのものではなく、人間の耳に聞こえた音圧を比較する基準なのです。人間の耳に聞こえるギリギリの音圧を0dBとして、そこから10倍（20dB）ごとにレベルを設定しています。なぜ10倍ごとなのかというと、音圧が10倍になると人間の耳には2倍の大きさに聞こえるからです。そして、音圧は単純に足し算はできません。たとえば80dBの掃除機を同じ場所で2台同時に使用した場合、足し算して160dBではなく83dB程度となります。

　このように、dBは比率を表す単位なので、音圧以外に電気の世界でも使われています。そもそも「デシベル」のもとの単位である「ベル」は、電話を発明したとして有名な、アレキサンダー・グラハム・ベルが、電力の伝送減衰を表す単位として使ったものでした。そして、そのままでは変化量が大きすぎてわかりにくいため、10分の1を意味する接頭辞の「デシ」をつけて「デシベル」という単位が使われるようになったのです。

　音に関するものとしてdBのほかには、音の大きさのレベルを表すphonという単位があります。これは、周波数1,000Hzの純音*を聞いたときの音圧を表すものです。人間の耳では、同じdBの音でも周波数によって大きさは違って聞こえますが、正常な聴力の人が、聞いた音と同じ大きさに聞こえるとする基準の音が、周波数1,000Hzの純音ということです。

第8章 目には見えない「音」と「温度」を表す単位

　そのほかに、40phon（フォン）の音の大きさを基準として、その何倍の大きさに聞こえるかを表す sone（ソーン）という単位もあります。これは、家電製品の音の大きさを表す感覚的な尺度として使われているようです。「音」は、人間の感覚にかなり左右されるものなので、きっちりした値を示すのは難しいのかもしれませんね。

* 音叉（おんさ）の音のように、1つの音成分だけで構成されている音のこと。自然界にはほとんどない。

➡ 騒音と音圧レベル

デシベル	騒音の例	体感状況
10	人の呼吸	非常に静か（0〜20dB）
20	木の葉の触れ合う音	静か（20〜40dB）
20	置時計の秒針の音（前方1m）	静か（20〜40dB）
30	郊外の深夜	静か（20〜40dB）
30	ささやき声	静か（20〜40dB）
40	図書館	普通（40〜60dB）
40	静かな住宅地の昼間	普通（40〜60dB）
50	静かな事務所	普通（40〜60dB）
60	静かな乗用車	やかましい（60〜80dB）
60	普通の会話	やかましい（60〜80dB）
70	電話のベル	やかましい（60〜80dB）
70	騒々しい事務所の中	やかましい（60〜80dB）
70	布団をたたく音	やかましい（60〜80dB）
80	地下鉄の車内	非常にやかましい（80〜100dB）
90	犬の鳴き声	非常にやかましい（80〜100dB）
90	大声による独唱	非常にやかましい（80〜100dB）
90	騒々しい工場の中	非常にやかましい（80〜100dB）
100	電車が通るときのガードの下	耳が痛くなりそう（100〜130dB）
110	オーケストラのフォルテッシモ	耳が痛くなりそう（100〜130dB）
120	航空機のエンジンの近く	耳が痛くなりそう（100〜130dB）
130	大砲の発射	耳が痛くなりそう（100〜130dB）

音をどれだけ遮れるか
D値、T値、L値、NC値

　私たちの生活の中で、なにも音がしない状況は少ないのではないでしょうか。耳に心地よい音もありますが、それとは逆のいわゆる「騒音」というものもあります。

　建築に関しては、遮音や騒音のレベルの基準がいくつか決められていて、音（音圧）のレベルを表す「dB」を使って評価します。

　まずは、建物の壁や床が音をどれだけ遮ることができるかを表す**D値**があります。たとえば、隣の部屋のテレビの音が70dBのときに、こちらの部屋で聞こえるレベルが30dBだとすると、壁により遮断された値は70dB − 30dB = 40dBとなり、「D-40*」と表します。数値が大きいほど遮るレベルが高く、D-55でピアノの大きい音がかすかに聞こえる程度、D-30であれば大変よく聞こえるというレベルになります。

　もう1つ、音をどれだけ遮るかを表すものに**T値**があります。これは、窓サッシの遮音性のレベルを表し、壁と同様にサッシの中と外で音を測定して、サッシにより遮断されるレベルを4段階で表します。「T-1」は遮音性が低く「T-4」は遮音性が高い二重サッシのレベルになります。T値が高いと部屋は静かですが、窓を開けたときに逆にうるさく感じてしまうとか。

　ほかには床の衝撃音レベルを表す**L値**があります。子供が飛び跳ねたりしたときの下の階の音など（重量床衝撃音）は「LH」、ものを床に落としたりいすを引きずった音など（軽量床衝撃音）は「LL」で表します。音のレベルなので、D値とは逆に数値が大きいほどうるさく感じることになります。「LL-40」はほとんど聞こえない、「LL-65」ではかなり気になるレベルです。

最後に、室内がどれだけ静かを表す**NC値**を紹介します。オフィス内の空調機器の騒音などの定常騒音を評価する際に利用されます。大会議室は「NC-20程度が適当」とされ、かなり静かな状態ですが、「NC-50」になると電話をするのは困難となり、大声で会話する必要が出てきます。こちらも「L値」と同様に、数値が小さいほど静かというわけです。

*JISでは「Dr-40」と表記する。

➡ 遮音性能とD値

建築物	室用途	部位	適用等級			
			特級	1級	2級	3級
			特別仕様	標準	許容	最低限
集合住宅	居室	隣戸間界壁、隣戸間界床	D-55	D-50	D-45	D-40
ホテル	客室	隣戸間界壁、隣戸間界床	D-50	D-45	D-40	D-35
事務所	業務上プライバシーを要求される室	室間仕切壁、テナント間界壁	D-50	D-45	D-40	D-35
学校	普通教室	室間仕切壁	D-45	D-40	D-35	D-30
病院	病室(個室)	室間仕切壁	D-50	D-45	D-40	D-35
戸建住宅	プライバシーを要求される場合の寝室、個室など	自宅内間仕切壁	D-45	D-40	D-35	D-30

➡ 適用等級の意味

	特級	1級	2級	3級
遮音性能の水準	非常に優れている	好ましい	満足しうる	最低限必要である
性能水準の説明	特別に遮音性能が要求される場合に適用する	通常は使用者からの苦情がほとんど出ず、遮音性能上の支障が生じない	苦情や支障が生ずることもあるが、ほぼ満足しうる	使用者からの苦情が出る可能性が高い

電波は聞こえない振動
Hz

　空気中を伝わる振動のうち、人間の耳に聞こえるものが「音」ですが、人間の耳に聞こえないものも含めて、空気を伝わる振動は周波数（＝振動数）で表します。周波数は、1秒間に振動する回数を表し、単位はHz（ヘルツ）を使います。

　この単位は、ドイツの物理学者ハインリッヒ・ルドルフ・ヘルツの名前にちなんでつけられました。ヘルツはさまざまな実験を重ね、電磁波を発生させて送受信することに成功した人物です。これによって、それまでは予言されていただけであった電磁波の存在を証明することができました。

　一般的に電磁波のうち、周波数が3THz（テラヘルツ）以下のものが電波と呼ばれます。それより高い周波数の電磁波には、赤外線、可視光線、紫外線などの、いわゆる「光」*や、X線、ガンマ線などがあります。前述の音が空気や水などを伝わって耳に届くのとは異なり、電磁波は、空気や水があってもなくても伝わります。

　私たちがAMラジオを聞くときにキャッチする電波は「中波（MF）」といわれます。FMラジオやテレビの電波は「超短波（VHF）」といわれ、中波や短波に比べるとあまり遠くまでは届きません。それより周波数の高い「極超短波（UHF）」は、携帯電話や業務用の無線に利用され、ほかに電子レンジや最近耳にする電子タグなどにも使われています。もっと高い周波数の「マイクロ波（SHF）」になると直進する性質をもち、特定の方向に発射するのに適しているため、衛星通信や衛星放送に使われています。

　「電波」が伝わる速さは光速で、私たちに聞こえる「音」は340m/s（メートル毎秒）ほどです。そんなわけで「近所の花火大会の中

第 8 章 目には見えない「音」と「温度」を表す単位

継をテレビで見ていたら、テレビよりあとから花火の音が聞こえた」なんてことが起きてしまうのです。

* 人の目に見える可視光線を「光」と呼ぶ場合もあるが、自然科学の分野では赤外線や紫外線も含めることも多い。

➡ 人がお世話になっている電波

周波数

周波数範囲	区分	用途
3kHz – 30kHz	超長波(VLF)	海底探査など
30kHz – 300kHz	長波(LF)	船舶や航空機の航行用ビーコン、電波時計など
300kHz – 3MHz	中波(MF)	AMラジオ放送、アマチュア無線[※1] など
3MHz – 30MHz	短波(HF)	船舶や国際線航空機用の通信など
30MHz – 300MHz	超短波(VHF)	FMラジオ放送、警察無線など
300MHz – 3GHz	極超短波(UHF)	携帯電話、タクシー無線、電子レンジなど
3GHz – 30GHz	マイクロ波[※2](SHF)	衛星通信、衛星放送、無線LANなど
30GHz – 300GHz	ミリ波(EHF)	自動車衝突防止レーダーなど
300GHz – 3THz	サブミリ波(THF)	電波望遠鏡による天文観測など

※1 短波などにも、アマチュア無線に割りあてられた周波数帯がある。
※2 センチメートル波と呼ばれる場合もある。センチメートル波、ミリ波、サブミリ波などをまとめてマイクロ波と呼ぶこともあり、狭義にも広義にも使われる用語。

あなたの音域は？
オクターヴ

　あなたが音楽好きではないとしても、ピアノの鍵盤を見たことはあるでしょう。ピアノの鍵盤には白と黒があり、黒い鍵盤は2つのかたまりと3つのかたまりに分かれています。この2つの黒い鍵盤のかたまりのすぐ左にある白い鍵盤が「ド」で、そこから右に向かって白い鍵盤をたどると「レ、ミ、ファ、ソ、ラ、シ」となっています。そしてそれを繰り返します。この「ド」から次の「ド」までの8音を<u>オクターヴ</u>といいます。黒い鍵盤の音階を半音階と呼び、それらを合わせると12音あります。このoctave（オクターヴ）という言葉は、ラテン語で8番目を意味する「octavus」が語源とされています。

　音が変わるということは、音波の周波数が変わるということで、1オクターヴ上がると音波の周波数は2倍になります。たとえば、ある鍵盤の「ド」の周波数が264Hzであった場合、1オクターヴ上の「ド」の周波数は528Hz（ヘルツ）になります。音楽はよくわからないという人でも、学校やデパートの館内放送で初めに鳴る「ピンポンパンポーン」みたいなチャイムなら、イメージがわくでしょう。4つの音が聞こえますが、それぞれの周波数は、最初から順に「440Hz－550Hz－660Hz－880Hz」が一般的なようです。たしかに最初の音に対して、最後の音は1オクターヴ上がっていますよね。ちなみに、あのチャイムは「ディナーチャイム」という楽器を使うと簡単に鳴らせます。名前からすると、もとはディナーの時間をお知らせするチャイムだったのでしょうか。

　さて、カラオケ大好きという人も多いと思いますが、あなたの音域はどのくらいですか？　人間が出せる音の範囲は85Hzから1,100Hzくらいなので、3オクターヴくらいは出せそうですが、歌

第8章 目には見えない「音」と「温度」を表す単位

を歌うことを考えると、安定して声が出せる範囲は、一般の人では2オクターヴくらいだそうです。プロの中には、3オクターヴ以上出せる人もいるようですが、それはとてもすごいことなのですね。

➡ オクターヴの仲間

8を意味する「octavus」がもとになった単語には、こんなものがあります

たこ (octopus)
八角形 (octagon)
古代ローマ暦の8月 = 現在の10月 (October)
八重奏 (octet) ヴァイオリン ヴィオラ チェロ コントラバス クラリネット ホルン ファゴット
80歳代 (octogenarian)
八つ子 (octuplet)

絶対的な温度って…？
K

　絶対温度を表す単位としてK(ケルビン)があります。さて「絶対温度」とはなんでしょうか。

　物質の中の分子、さらにその中の原子は運動エネルギーをもっていて、絶えず振動をしています。この運動が最低になった状態の温度を絶対零度とし、これが0K(ゼロケルビン)です。この温度は、私たちがふだん使っている摂氏で表すと、−273.15℃(ドシー)になります。絶対零度より低い温度は世の中にありません。また、絶対温度の上限もありません。そして、水の状態が気体と液体と固体でバランスよく共存するポイントである「三重点」（摂氏で表すと0.01℃(ドシー)）の熱力学温度*の273.16分の1が「1K(ケルビン)」とされています。

　なんだかとても難しい単位に思えますが、絶対温度の温度差である1Kは、私たちがふだん使っている摂氏温度の温度差の1℃(ドシー)と同じ温度です。ですから、0K(ケルビン)が−273.15℃(ドシー)で、そこから温度差が同じだけずれるので、たとえば、20℃は20 + 273.15 = 293.15K(ケルビン)となります。−273.15さえ覚えておけば、計算するのは比較的簡単ですね。

　K(ケルビン)という単位名が大文字であることから推測できるでしょうが、この単位は、イギリスの物理学者ウィリアム・トムソンの名前から名づけられました。「あれ？　ケルビンじゃないじゃん」と思うかもしれませんね。彼は68歳のときに、その膨大な業績に対して爵位が贈られ、ケルビン男爵となったのです。そして、その「ケルビン男爵」が単位名の由来なのです。

　国際的には、温度の単位としてK(ケルビン)を使うことになっていますが、日本では明治時代に採用されて以来、摂氏のほうがなじみ深い単

位です。Kが必要な場合は、273.15を足してください。

　絶対温度の単位Kは、液体、固体、気体の熱力学温度を表す以外に、光の色に使われる場合があります。光の色を温度で表したものを「色温度」といいます。色温度が低いほうから「赤」→「白」→「青」と光の色が変化します。

　たとえば、晴天の昼間の光の色温度は5,800〜6,000Kで、白に近い色に見えます。色温度が7,000K以上と高くなっていくと、光の色は青味を帯びてきます。反対に、日の出後や日没前の光は色温度が低めで、2,300K以下になると赤味を帯びてきます。

* 普遍性をもつなど、理論的な温度。絶対温度と同じ意味で使われる場合も多い。

➡ 光の色温度の目安

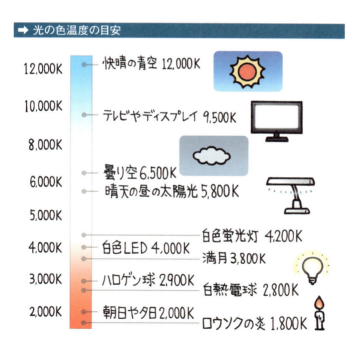

「セルシウス度」とは？
℃、centigrade、℉

　日本では、気温や体温の基準として、一般的に「摂氏温度」を使います。この摂氏温度を考案したのは、スウェーデンの天文学者アンデルス・セルシウスという人で、欧米では「セルシウス度」と呼ばれています。日本では彼の名前を中国語で書いた「摂爾修」に「氏」をつけたものが省略されて「摂氏」になったようです。単位記号が「℃(ドシー)」なのは、Celsius(セルシウス)の頭文字を取ったからなのです。日本では摂氏や℃をつけずに「36度」のようにも表しますね。

　摂氏温度とはどういう温度かというと、「1気圧の状態で水の凝固点(ぎょうこてん)*を『0』、沸点(ふってん)**を『100』として、その間を100等分した温度の単位」のことです。実はセルシウスが考案した1742年当初は、凝固点を100℃(ドシー)、沸点を0℃(ドシー)としていたのですが、のちに現在の方式にあらためられたそうです。単位記号も、当初はラテン語で100歩を意味するcentigrade(センチグレード)だったようですが、SI接頭辞のセンチと混同しないように、セルシウスの名前を取って、現在の「℃(ドシー)」に変更されたということです。

　ところで、市販の温度計で測った温度が正しいかどうかは、どうすればわかるのでしょうか。温度計のメーカーでは、その製品の温度が正確であるかを測る「基準温度計」と比較します。これは「法定基準器」と呼ばれるもので、ほとんど経年変化しない安定した材料を使い、職人の手で1本ずつ手づくりされます。1本つくるのに6か月も要するのだとか。そんなすごい計器を基準として、一般の温度計がつくられているおかげで、私たちは安心して温度が測れるというわけですね。

　温度の基準としては、摂氏温度のほかに「華氏温度」(か し)(単位記号

第8章　目には見えない「音」と「温度」を表す単位

は°F）があります。華氏温度は、摂氏温度より30年以上も前に、ドイツの物理学者ガブリエル・ファーレンハイトにより考案されたものです。日本ではあまり使われることはありませんが、アメリカなどでは華氏温度が使用されています。華氏温度では、水の凝固点を32度、沸点を212度とし、その間を180等分しています。華氏は「（華氏温度 − 32）× 5 ÷ 9」と計算することで摂氏に換算できます。たとえば華氏90度は「（90 − 32）× 5 ÷ 9 ≒ 32.2度」になります。

* 液体が凝固して固体になる温度。水は凝固すると氷になる。
** 液体が沸騰して気体になる温度。水は沸騰して水蒸気になる。

➡ 摂氏温度いろいろ

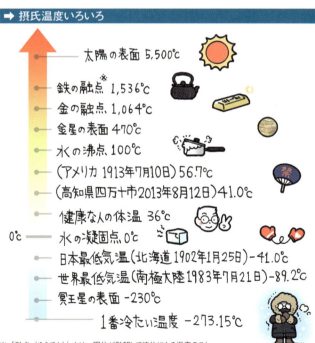

- 太陽の表面 5,500℃
- 鉄の融点※ 1,536℃
- 金の融点 1,064℃
- 金星の表面 470℃
- 水の沸点 100℃
- （アメリカ 1913年7月10日）56.7℃
- （高知県四万十市2013年8月12日）41.0℃
- 健康な人の体温 36℃
- 水の凝固点 0℃
- 日本最低気温（北海道 1902年1月25日）−41.0℃
- 世界最低気温（南極大陸 1983年7月21日）−89.2℃
- 冥王星の表面 −230℃
- 1番冷たい温度 −273.15℃

※「融点（ゆうてん）」とは、固体が融解して液体になる温度のこと。

Column

音叉が望遠鏡のゆがみ調整に？

　楽器の音合わせ（チューニング）に使われる「音叉」をご存じですか？　二叉に分かれた金属部分をたたくと、ある周波数の音*が鳴ります。音叉を発明したのはイギリスのジョン・ショアという人で、リュートという楽器の調律のためにつくったそうです。音叉の周波数は常に安定していて、いつでも同じ周波数の音が鳴るため、楽器の音合わせに使うことができるわけですね。

　この安定した周波数を発するという音叉のしくみは、ハワイ島マウナケア山頂にある「すばる望遠鏡」の反射鏡のゆがみを補正するためのセンサーに使われているそうです。すばる望遠鏡の反射鏡は、なんと口径8.2mと世界一大きく、世界一なめらかな1枚鏡です。大きくて重さは23tもあるのに、厚さが20cmしかなく、簡単にゆがみが生じてしまいます。そこでこの鏡を261本の「アクチュエーター」というロボットの指が支えていて、そのアクチュエーターに音叉式力センサーが使用されているそうです。鏡が移動する際、150kgの加重に対してたった1gの変化を感知する必要があり、それを感知できるのがこの音叉式力センサーなのです。昔からある音叉のしくみをセンサーに応用するとは、すばらしいアイデアと技術ですよね。

　ちなみに、すばる望遠鏡の反射鏡のお掃除方法を知っていますか？　かなりの大きさと重さがあるため、望遠鏡から取り出して洗うわけにはいかないですよね。そこで、二酸化炭素を使ってお掃除をしています。鏡面のそばで−56.6℃の液体二酸化炭素を細いノズルから出すと、気体の炭酸ガスと固体のドライアイスができます。このコンビでほこりをはたき、払い落とすのです。

* 一般的なものは440kHz=A（ラ）の音。

第9章

いろいろな「光」を表す単位

「光」と聞いてなにを思い浮かべますか？ 太陽や月の光でしょうか。それとも電気の光？ いずれにしても、私たちの生活になくてはならないものです。本章ではさまざまな「光」を表す単位を取り上げます。

ロウソクの明るさが基準
cd、cp、燭、gr、lb

　みずから光を放つ物体や機器を「光源」と呼びます。太陽やあなたの部屋の電灯（がついているとき）も、光源の1つといえるでしょう。

　光源からどれだけの量の光が出ているかを「光度」で表し、その単位にはcdを使います。「カンデラ」という言葉は、ラテン語で「けものの油でつくったロウソク」を意味するそうです。そして、ロウソク1本分の明るさが基準とされました。ここまで読み進めると気づいたかもしれませんが、この言葉は英語の「candle＝ロウソク」の語源とされています。

　この単位、もとはcpという単位で、日本では燭と呼ばれていました。cpは1860年にイギリスの首都ガス条例で決められたもので、「1時間に120grの割合で燃焼する6lb*の鯨ロウソクの明るさ」でした。それが1948年に国際的に統一されて「cd」になりました。1cpは1.0067cdなので、ほぼ同じ値といえるでしょうね。

　cdを使って表す明るさにもいろいろありますが、「灯台」もその1つです。日本でもっとも光度が強いのは室戸岬灯台で160万cdもあり、その光は約26.5海里（約49km）もの距離まで達します。2番目は犬吠埼灯台で、光度は110万cdだそうです。

　それだけ強い光度の灯台では、さぞかし膨大な電力を消費しているだろうと思うかもしれませんが、レンズや反射鏡を有効に使用して光を収束させ、さらに電球の大きさは昔で2,000W、現在では放電灯という効率のよいものを使用しているので、400W程度ですむそうです。

*120gr（グレーン）は約7.8g（グラム）、6lb（ポンド）は約2,722g（グラム）。これらの単位についてくわしくは、72〜75ページ参照。

第9章 いろいろな「光」を表す単位

➡ 全国に5か所しかない「第1等灯台」

灯台に使われるレンズには、大きさによって第1等から6等までとそれより小さい等外という等級があります 一番大きいレンズを使っている「第1等灯台」は、現在、全国に5か所しかありません

出雲日御碕灯台(いずもひのみさき)
(島根県出雲市)
実効光度 48万 cd(カンデラ)

経ヶ岬灯台(きょうがみさき)
(京都府京丹後市(きょうたんご))
実効光度 28万 cd(カンデラ)

角島灯台(つのしま)
(山口県下関市)
実効光度 67万 cd(カンデラ)

犬吠埼灯台(いぬぼうさき)
(千葉県銚子市)
実効光度 110万 cd(カンデラ)

室戸岬灯台(むろとみさき)
(高知県室戸市)
実効光度 160万 cd(カンデラ)

光が当たっている場所の明るさを表す
lx

　光源からの光は、距離が離れるほど弱く感じます。光源自体の明るさではなく、光が当たっている場所での明るさを「照度」といいます。照度はlxという単位を使い、単位面積あたりどれだけの光が当たっているかを表します。1cdの光源が$1m^2$（平方メートル）に当たったときの照度が1lxになります。たとえば1cdの光源から1m離れた場所の照度が1lxだとすると、2m離れた場所では0.25lxになり、50cmの場所では4lxになります。このように、照度は距離の2乗に反比例します。

　現実世界での照度を見てみると、太陽が当たっている地表面は10万lx、暗い曇天の地表面は1万〜2万lx、満月の夜の地表面は0.2lxといわれています。部屋の中では、60Wの白熱電球から30cmほど離れた場所が、だいたい500lxだそうです。

　JISの照度基準表によると、寝室でお化粧するときは300lx以上、書斎で読書するときは500lx以上が必要とされています。暗い中で作業するほど目が疲れるというデータもあるので、目のためにも適度な明るさを確保しましょう。

　また、年齢とともに弱くなるのは視力だけでなく、明るさの感度も同じだそうです。たとえば、20歳の人の明るさの感度を1とすると、40歳で同じ明るさと感じるためには1.8倍の明るさが必要になります。50歳では2.4倍、60歳では3.2倍もの明るさが必要になるそうです[*]。

* 新聞の活字程度を見た場合の基準。

第9章 いろいろな「光」を表す単位

➡ JIS 照明基準の推奨照度

照度(単位：lx)	住宅	事務所	商業施設	保健医療施設
2000			大型店のショーウィンドウ、重要陳列部	
1000	手芸・裁縫		大型店の一般陳列部	救急室 手術室
750		事務室 役員室 玄関ホール (昼間)	レジスター ファッション店の試着室 スーパーマーケットの店頭	
500	共同住宅の管理 事務所	会議室 制御室	大型店の店内全般 レストランの厨房	診察室 回復室 霊安室
300	台所調理台 化粧 共同住宅の集会室	受付 化粧室 EVホール		X線室
200	遊び 共同住宅のロビー、 EVホール	便所 更衣室 書庫	レストランの客室	
100	書斎全般 玄関全般 共同住宅の廊下	休憩室 玄関車寄せ		病室
75	便所			眼科暗室
50	居間全般	室内 非常階段		
20	寝室全般			

推奨の照度が決められているんですね

人間の目に見える光の量を表す
lm

　照度を表す「lx」は、光に照らされた面の明るさですが、光源から出ている光の量そのものを表す単位もあります。光源から放出される目に見える光の量のことを「光束」と呼び、lmという単位で表します。1cdの光源から1sr*という立体的な角度の単位あたりに放たれる光束が1lmになります。ちなみに、この単位名「lm」は、ラテン語で「昼光」を意味する言葉です。

　最近は、自宅でLEDの照明器具を使っている人が増えていますが、LEDの電球や蛍光灯の明るさの基準としても、lmが使われています。LEDが登場する前は、電球や蛍光灯を購入する際には、20Wとか40Wといった「W」の表示を見て明るさを判断していました。Wは消費電力の単位で、数値が大きければ明るいと考えればよかったのです。

　では、LEDはどうでしょうか？　LEDは「これまでの蛍光灯より少ない電力で、遜色ない明るさを得られる」ものなので、Wを表示しても、明るさはわかりません。そこで、明かり自体がどれだけ明るいかを表すlmを使うことになったようです。たとえば、これまでの40W電球と同じ明るさのLED電球は485lm、40W蛍光灯と同じ明るさの蛍光灯型LEDは2,250lmになるようです。

　光束は「人間の目に見える光の量」と書きましたが、同じ光度の光源を見ても、人間の目がいつも同じに感じるとはかぎりません。

　私たちの目には、角膜と水晶体の間に「虹彩」という膜**があり、瞳孔の大きさを調整して、網膜に入る光の量を調節しています。明るい場所では虹彩が縮んで光の量を抑え、暗い場所ではゆる

第9章 いろいろな「光」を表す単位

んで、少しでも多く光が入るようにしているのです。これによって、暗い場所から明るい場所にでた直後は虹彩がゆるんでいて網膜に入る光束が多いため、かなりまぶしく感じます。

　反対に、明るい場所から暗い場所に移動すると、虹彩が縮んでいて網膜に届く光束が少なく、暗くてよく見えないことになります。

* 「sr（ステラジアン）」について、くわしくは 90 ページ参照。
** 虹彩は白目より内側の色のついた部分。日本人はほとんどの人が濃いブラウン。

➡ 部屋の広さに合うLEDシーリングライトの明るさ

部屋の広さ	明るさ
～4.5 畳	5,100lm 以上　6,100lm 未満
～6 畳	4,500lm 以上　5,500lm 未満
～8 畳	3,900lm 以上　4,900lm 未満
～10 畳	3,300lm 以上　4,300lm 未満
～12 畳	2,700lm 以上　3,700lm 未満
～14 畳	2,200lm 以上　3,200lm 未満

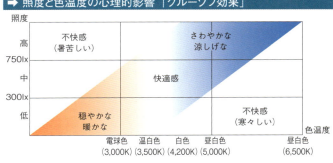

➡ 照度と色温度の心理的影響「クルーゾフ効果」

どれだけ明るく見えるかを表す
cd/m²、nt、sb

　光源から出ている光は、光源の面積が広いほど明るくなります。たとえば、同じ明るさの蛍光灯を1本つけた場合と2本つけた場合では、部屋の明るさが違います。光源の明るさを表すといっても、光源全体の明るさではなく、光源の面積あたりの光の量を表す場合があります。

　単位面積あたりの光度を「輝度(きど)」といい、単位は cd/m²（カンデラ毎平方メートル）を使います。単位記号を見ればわかるように、光源の1m(メートル)四方あたりの光度を表すものです。一般的に「光度」は、星や電灯の明るさなどのように光源の面積は考えない場合に使われ、「輝度」はディスプレイなどの明るさを表すために使われます。液晶テレビは500cd/m²（カンデラ毎平方メートル）くらい、パソコン用の液晶ディスプレイでは最大輝度250～300cd/m²くらいが一般的なようです。

　この単位に国際的な固有の名称はつけられていませんが、「nit(ニト)」という別名があり、単位記号は nt を使います。nitは、ラテン語で「輝き」を意味する「nitor」という言葉に由来するそうです。

　nt(ニト)が1m²あたりの光度を表すのに対し、1cm²（平方センチメートル）あたりの光度を表すには sb という単位(スチルブ)を使います。つまり、1sb(スチルブ) = 10^{-4} cd/m²（カンデラ毎平方メートル）になります。

　輝度も光度と同様、人間が感じる量なので、やはり明るさを自動調節している目では、いつも同じように感じるとはかぎりません。同じ明るさの蛍光灯を1本つけるのと、2本つけるのでは、単純に2倍明るくなるわけではないということです。

第 9 章　いろいろな「光」を表す単位

➡ ディスプレイから目を守ろう

夜空の星の明るさを表す
等級

　等級は星の明るさを表す単位で、数値が小さいほうがより明るい星ということになります。

　等級の起源は古く、紀元前2世紀のギリシャでヒッパルコスという天文学者が、肉眼で見た星の明るさを1等星から6等星までに分類したのが始まりとされています。彼は空にある一番明るい星を1等星とし、なんとか見えるくらいの星を6等星として、その間を6段階に分けました。

　16世紀になって望遠鏡が発明されると、6等星より暗い星が見えるようになりましたが、7等星や8等星といった分類は学者によってまちまちで、統一されなかったようです。19世紀には天体写真が撮影されるようになり、その写真をもとに星の等級を分類しようとすると、肉眼で見た明るさと天体写真の明るさが一致しないことが判明しました。写真は青色に感光しやすく、黄色は感光しにくいためでした。そこで、人間の目で見た等級を「**実視等級**」、写真から判定したものを「**写真等級**」と呼んで区別したそうです。

　現在では、望遠鏡に取りつけて観測する**光電測光器**や、冷却CCDカメラというものを使って、星の明るさを測定しています。ヒッパルコスの時代には小数点以下の等級はありませんでしたが、いまでは0.001等級の精度で測定できるようになったそうです。そして、1等星は6等星の100倍の明るさと定義され、1**等級**明るくなると、星の明るさは約2.5倍になります。

　さて、ここまでの話は地球から見た星の明るさでしたが、星たちはそれぞれ地球からの距離が違うため、実際の明るさと地球から見た明るさは違います。そこで、地球から32.6光年のところに

第9章 いろいろな「光」を表す単位

星があると仮定して、その位置での明るさで表すことにしました。これを「実視等級」に対して「絶対等級」といいます。

➡ 実視等級と絶対等級

カシオペア座V987星は距離が32.8光年だから実視等級と絶対等級がほぼ同じなんです

はくちょう座のデネブは930光年の彼方にあるため、絶対等級では−6.2等級のかなり明るい星ということになります

実視等級	絶対等級	天体名
−26.73	4.8	太陽
−12.6		満月
−4.4		金星(最大の明るさのとき)
−2.8		火星(最大の明るさのとき)
−1.46	1.45	シリウス(太陽の次に明るい恒星)
−0.72	−5.54	カノープス(3番目に明るい恒星)
0.03	0.61	ベガ
0.8	2.2	アルタイル
0.96	−4.9	アンタレス
1.25	−6.2	デネブ
5.63	5.64	カシオペア座V987星
6		一般的に、肉眼で見えるもっとも暗い恒星
12.6		クェーサー(数十億光年も先に存在する明るい天体)
30		ハッブル宇宙望遠鏡※で観測できるもっとも暗い天体

※地球の大気外の高度約600km(キロメートル)の軌道を回る、直径2.4m(メートル)の反射望遠鏡。大気の影響を受けないため、鮮明な天体写真を撮ることが可能。

カメラのレンズ、その明るさを表す
F値

　写真の撮影は昔に比べて、はるかにお手軽になりました。デジタルカメラが登場して便利になったと思ったら、あっという間に、携帯電話、その中でも6〜7割の人が使っているスマートフォンで撮る時代がやってきました。いつでもどこでもすぐに撮影できるのがあたりまえで、特にカメラの専門知識はなくても、美しい画像が得られるようになっています。でも、デジタルカメラやスマートフォンのカメラのレンズには、明るさの違いがあることを知っていると便利かもしれません。たとえば夜景の撮影など、暗い場所での撮影には明るいレンズのほうが適しています。

　カメラのレンズの明るさを表すには、F値(エフナンバー)を使います。もしデジカメをおもちでしたら、レンズの近くに「F=2.0」や「1:3.5」というような値が書いてあるのではないでしょうか。「F=」や「1:」の右側の値がF値です。最近のスマートフォンのカメラには、ほぼ2.0くらいのF値(エフナンバー)を誇る機種もあり、かなり明るいようです。すごい進化ですね。

　カメラのレンズの明るさには、レンズの直径(口径)と焦点距離が関係しています。レンズの直径が大きければ、たくさんの光を集めることができるので明るくなります。レンズの直径が2倍になると面積が4倍に、直径が3倍だと面積は9倍というように、レンズの直径の2乗に比例して明るい画像が撮影できます。また、焦点距離が短いほうが光の密度が高くなるため、明るい画像になります。焦点距離が2倍になると明るさは4分の1になり、焦点距離の2乗に反比例していることになります。

　この2つの要素を使い、F値(エフナンバー)はレンズの焦点距離をレンズの直

第9章 いろいろな「光」を表す単位

径で割った値と定義されています。F値(エフナンバー)が低いほど、明るく鮮明な写真が撮影できます。ちなみに、人間の目の明るさはF=1.0とされているそうです。人間の目はスマートフォンのカメラよりも高性能ですからね。

➡ デジタルカメラの明るさ調整

デジタルカメラはシャッタースピード、ISO感度、絞り(F値)の3つの調整で写真の出来が変わりますよ

シャッタースピード
長くすると光を取り込む量が増えるが手ブレの原因にもなる

ISO感度
カメラのセンサーが感知する光の度合い
高くすると暗い場所でも撮影できるがノイズが出現してしまう

絞り(F値)
レンズから入る光の量を調整して変更するがスマートフォンでは固定されている場合がほとんど

スマートフォンのアプリで明るさ、ぼやけ具合を調整できる場合もありますね

眼鏡の度数を表す
D

　近視用や遠視老眼用の眼鏡をつくったことがある方なら聞いたことがあるかもしれませんが、レンズの屈折率を表す D（ディオプトリ）という単位があります。「眼鏡はもっているけど、そんな単位は聞いたことない」という人でも、「度数」なら聞いたことがあるでしょう。眼鏡屋さんで使われる度数（球面度数）の単位が D というわけです。

　眼鏡のレンズの屈折率というのは、レンズの焦点距離をメートル単位で表したものの逆数となっていて、凸レンズなら正の値、凹レンズなら負の値になります。

　凸レンズは文字どおり周辺部より中心部が厚いレンズで、遠視の矯正や老眼鏡に使用されます。凸レンズに太陽光線などの平行光線を当てると、光は一点に集まります。このことから、「集光レンズ」とか「収束レンズ」とも呼ばれます。

　凹レンズは、中心が薄く周辺部が厚いレンズで、近視の矯正用に使われます。凹レンズは光を拡散させる性質をもっていて、光源側に焦点があるかのように見えます。実はこの点が凹レンズの焦点とされていて、マイナス値になるのです。また、見えない焦点なので「虚の焦点」と呼ばれています。

　たとえば、焦点距離が0.5m なら、D はその逆数の2になります。D は、1m をレンズの焦点距離（メートル単位）で割ると計算できます。ちなみに、眼鏡をしている方、あなたの眼鏡の度数は合っていますか？　眼鏡の度数の正しい決め方とは、「どこを見るともなく目を休めているときにピントが合う距離が1m 程度になるレンズを選ぶ」ことだそうです。度数が強すぎると、肩こりや頭痛の原因になるそうですから、適切なレンズを選びましょう。

第 9 章　いろいろな「光」を表す単位

➡ 凸(とつ)レンズと凹(おう)レンズ

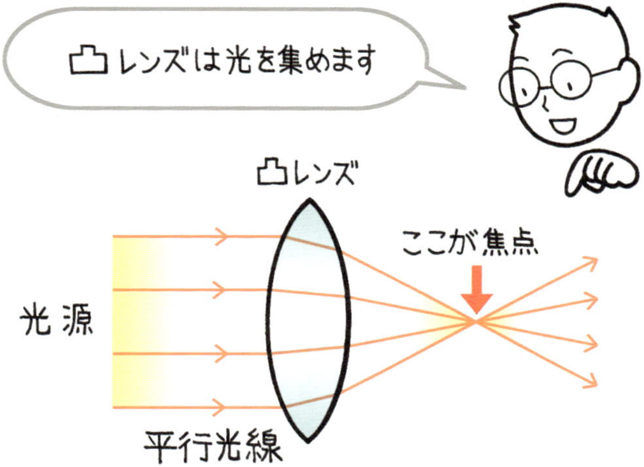

凸レンズは光を集めます

凸レンズ

ここが焦点

光源

平行光線

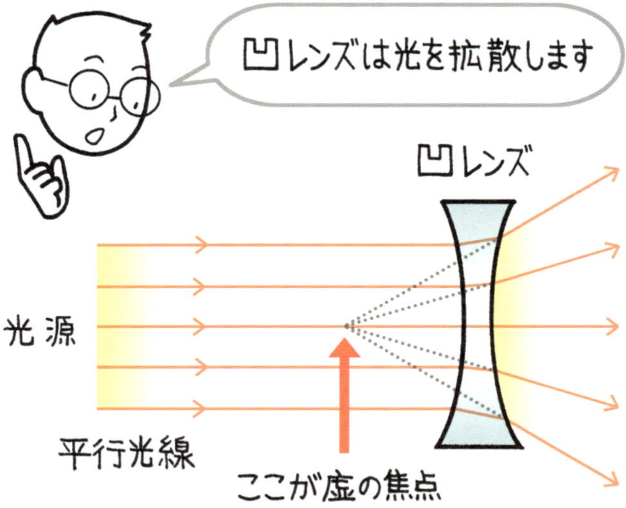

凹レンズは光を拡散します

凹レンズ

光源

平行光線

ここが虚の焦点

灯台のレンズ
〜フレネルレンズってなに？〜

　灯台で使われているレンズの中でいちばん大きい第1等レンズの基準は、直径が2,590mm、内径が1,840mm、焦点距離が920mmとされています。レンズの等級は、レンズの径ではなく焦点距離の長さによって分類されています。灯台のレンズと聞くと、凸レンズのような形を思い浮かべてしまいそうですが、2m半もの大きさの凸レンズとなるとかなり重くて、コストもばかにはならないでしょう。実は灯台のレンズには、「フレネルレンズ」という特殊なレンズが使われています。19世紀の初めごろ、オーギュスタン・ジャン・フレネルというフランスの科学者が、薄い複数枚のレンズを組み合わせて灯台のレンズを開発しました。それまで灯台に使われていたのはやはり1枚の巨大なレンズで、彼の開発により材料やコスト、製造にかかる手間が大幅に節約できるようになりました。このレンズは非常に薄くつくれるため、灯台だけでなくカード型の虫めがねや、カメラのストロボ用などにも応用されています。

➡ フレネルレンズのしくみ

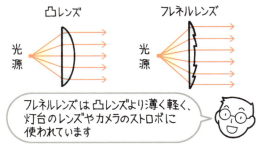

フレネルレンズは凸レンズより薄く軽く、灯台のレンズやカメラのストロボに使われています

第10章

君の名は…
単位

ほかの章でもいくつか登場していますが、単位の中には新たな発見をするなどの功績をたたえる意味で、人名が単位として採用されているものがあります。本章では、こうした単位を取り上げます。

万有引力の発見者は加速度的に名を上げたのか
N

　アイザック・ニュートンといえば、木からリンゴが落ちるのを見て、万有引力（重力）の法則を発見した*人として有名です。しかし、その名が単位、しかも国際単位系（SI）の単位となっていることは、知らない方も多いのではないでしょうか。

　「万有」というのは「すべてのものがもっている」という意味で、「引力」は「引き合う力」を指します。すなわち「すべてのものが引き合っている」ということを示したものです。

　このようにはたらく「力」の強さは、「1kg の質量をもつ物体に毎秒1mの加速度を与える力」が1つの基準となっています。すると、質量の基本単位である kg、長さ（距離）の基本単位である m、そして時間の基本単位である s（秒）とを組み合わせることで、「kg m/s^2」という組立単位ができます。

　しかし、これはちょっと長い感じです。しかも、この物体に加える力を表す値は、圧力やエネルギーを求めるための計算にも使用されるため、計算により求められる値に使用される単位は、さらに長くなるので、複雑になってしまいます。

　そこで「kg m/s^2」をニュートン（Newton）の功績をたたえ、N とすることになったのです**。

　さて、すべてのものが引力をもっているなら、リンゴはほかのものに引き寄せられず、地面に引き寄せられるのはなぜか…と疑問に思いますね。「万有引力は、2つのものそれぞれの質量を掛け合わせたものに比例し、2つのものの距離の2乗に反比例する」ため、2つのものの質量が大きくなるほど強く引き合い、距離が離れるほど弱くなります。そのため、リンゴの周りにあ

第 10 章　君の名は…単位

るものでもっとも質量の大きいもの、すなわち地球に引きつけられるため、地面に落ちるわけですね。

* ニュートン生家の庭にリンゴの木があったのは事実であるものの、このエピソード自体は創作のようだ。
** 1904 年、ブリストル大学のデビット・ロバートソンにより提唱され 1948 年に採用された。ブリストル大学は、ニュートンの母国イギリスの大学。過去に12人ものノーベル賞受賞者を輩出している。

➡ 物体を動かす「力」を表す単位「N（ニュートン）」

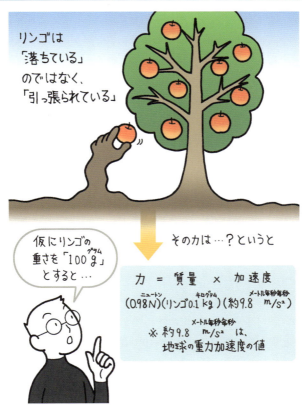

使い方をよくよく考えるべき単位
Bq、dps、Ci、GBq

「放射能」と聞くと、とても危険なものであるような印象を受けます。原子爆弾の投下や原子力発電所の事故により、放射線を浴びると健康被害が現れることが知られているからです。

しかし、東日本大震災以降、日本や脱原発を決めた国でその比率は減ったものの、現在でも原子力発電がつくる電気は世界各地で使われています。病院では精密検査に放射線が活用されています。そして、これらを安全に使用するために、放射性物質が放射線を出す能力(放射能)を正しく測定することが必要になります。

この放射能を表すのに使用する国際単位系(SI)の単位がBq(ベクレル)です。放射線を発見したフランスの物理学者アンリ・ベクレルの名前に由来します。

1Bqは「放射性物質の原子が1秒に1個壊変*する場合の放射能の強さ」を意味します。この値は、それ以前に使用されていたdps(Disintegrations Per Second:壊変毎秒)と同じ値です。

もう1つ、放射能関連で有名な単位がCi(キュリー)です。キュリー夫妻は、1898年、瀝青ウラン鉱の残渣からラジウムとポロニウムという放射性元素を発見するとともに、「Radioactivity(放射能)」の名づけ親にもなりました。

Ciは、こうした功績をたたえたもので、「1g(グラム)のラジウムがもつ放射能の強さ」を意味する単位です。1gのラジウムは、毎秒3.7×10^{10}回壊変するので、1Ciは3.7×10^{10}=37GBq(ギガベクレル)となります。

ベクレル、ピエールとマリーのキュリー夫妻の3名がそろって1903年にノーベル物理学賞を受賞しました。のちにマリー・キュリーは1911年、単独でノーベル化学賞を受賞しています。

*放射性崩壊により、原子核がほかの原子核に変わったり、エネルギーの状態が変わるなどすることを専門的にこう呼ぶ。

第10章　君の名は…単位

➡ キュリー夫妻

ポーランド出身のマリア・スクウォドフスカ（のちのマリー・キュリー、キュリー夫人）は、旺盛な研究心をもち、苦学の末、物理学の学士資格を取得。その後、「天才」の呼び声が高かったフランス人ピエール・キュリーと出会う。出世や名声、経済的な豊かさ、女性との交際に興味はなかったという彼だったが、お互いに科学のことなどを語り合い、共通点を多く見つけて惹かれあい、結婚することとなる。
2人は研究に没頭し、放射性元素ポロニウム、続いてラジウムを発見。1903年、ベクレルとともにノーベル物理学賞を共同受賞し、この夫妻の名が広く知られることとなった。

写真提供：Roger-Viollet

この人には、なんでも見透かされてしまうかも
R、C/kg

　胸部X線検査といえば、健康診断などでおなじみですね。その名のとおり、胸に「X線」と呼ばれる1pm～10nm程度の電磁波を当てることにより、肺や心臓、大動脈、脊柱などに異常がないか、その状態を調べる検査です。このX線を1895年に発見したのがドイツの物理学者ヴィルヘルム・レントゲンです。X線の「X」は数学において未知数を意味します。当時未知のものであった放射線を意味していたのですね。今日では「レントゲン線」と呼ばれることもあるので、両方の名前を聞いたことがあるという人も多いかもしれませんね。

　さて、このレントゲンも単位になっています。Rで表されるこの単位は、国際単位系(SI)ではありませんが、ある物質に当てられた放射線の量である「照射線量」を表す単位として使われています。その定義は「標準状態*の乾燥空気1kgへの照射で、電子または陽電子により空気中に生じるイオン群が有する電気量が、それぞれ正および負の1C**となる照射線量」というものです。簡単にいうと「対象物にどれだけ放射線が当たっているか」を示すものです。

　Rは、レントゲンが発見したX線のほか、γ線でも使われます。国際単位系(SI)を使用する場合、C/kg（クーロン毎キログラム）で表記する必要がありますが、放射線を日常的に使用する研究所や医学関連施設では、Rが使われることが少なくないようです。

　ただし、Rは「人体にどれだけ影響するか」を表すものではありません。放射線の人体への影響を示すためには、Svという単位を使います。くわしくは166ページを参照してください。

*0 ℃、1atm（気圧）と定義される。
**C（クーロン）についてくわしくは、158ページ参照。

第10章 君の名は…単位

→ X線はさまざまな形で利用されている

活用例

空港での手荷物検査
1 μSv(マイクロシーベルト) 以下

CTスキャン
(コンピュータ断層撮影検査)×1回
6.9 mSv(ミリシーベルト)

X線集団検診
　胃　　0.6 mSv(ミリシーベルト)
　胸部　0.05 mSv(ミリシーベルト)

真珠貝X線鑑別装置

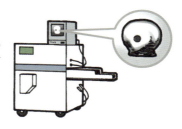

157

みんな電気屋さんですか？
A、V、C、Ω、W

　電気に関連する単位は、その多くが人名です。たとえば、電流の単位であるA（アンペア）は、フランスの物理学者アンドレ・マリー・アンペールに由来します。

　一戸建てであろうが、集合住宅であろうが、各戸には「ブレーカー*」という機器が設置されています。これは、異常な電流が流れたときや、電気の使いすぎ（過負荷）が生じたとき、ショートしたときに、屋内配線を損傷から保護するための機器です。電力会社と契約しているA（アンペア）を超えるとブレーカーが落ちますが、契約A（アンペア）が大きくなるほど基本料金が高くなるので、家計に直結する単位といえるでしょう。

　電池のパッケージなどで目にする、電圧の単位であるV（ボルト）は、イタリアの物理学者アレッサンドロ・ボルタに由来します。ボルタは、銀とスズの板を互い違いに何層にも重ね、その金属板と電解質の水溶液から電池を作成**したことで有名で、電池と深いかかわりをもつ人です。

　また、電荷（電気量）を示す単位であるC（クーロン）は、同じくフランスの物理学者シャルル・ド・クーロンの名前に由来します。これは「1A（アンペア）の電流が1秒間に運ぶ電荷を1C（クーロン）とする」もので、要するに電気の分量を示す単位です。電圧が異なる2つの場所をつなぐと電流が流れ、その流れを妨げる「電気抵抗」が生じます。この電気抵抗を表す単位であるΩ（オーム）もまた、ドイツの物理学者ゲオルク・ジーモン・オームに由来します。

　仕事率や電力の単位であるW（ワット）は、106ページでも登場しましたが、スコットランド出身で産業革命に大きく貢献したジェームズ・

ワットにちなんだ単位です。

こうして見ると、少なくとも私たちの生活に密接にかかわっている電気の単位は、その多くが人名に由来するのですね。

* 日本語では「配線用遮断器」という。
** これを「ボルタ電池」という。

➡ 電気に関する人名の単位

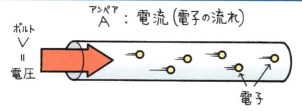

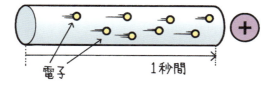

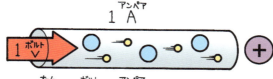

日本にいるかぎり縁が切れない単位
gal、mgal、Is

　日本に住んでいるかぎり、地震を経験したことがないという人はいないでしょう。

　118ページで地震の規模を表す単位を取り上げていますが、揺れの大きさ（振動加速度）は、加速度の単位であるgal（ガル）で示されます。このgalという単位も、人名に由来します。イタリアの物理学者で天文学者、哲学者でもあるガリレオ・ガリレイの名にちなんだものなのです。ガリレイといえば、地動説を唱えたことで有名ですが、物理学の分野でも功績を残しています。

　さて、1gal（ガル）は1秒間に1cm/s（センチメートル毎秒）の加速度を示す単位です。そこで、国際単位系（SI）に従って「m/s²（メートル毎秒毎秒）」という単位を使うべきなのですが、計量法では地震に関する振動加速度の計量ではgalおよび1galの$\frac{1}{1000}$にあたるmgal（ミリガル）の使用を認めており、1galを国際単位系（SI）に換算すると0.01m/s²（メートル毎秒毎秒）となります。

　2007（平成19）年7月16日の新潟県中越沖地震により柏崎刈羽原子力発電所が被害を受けたことを契機に、複数の原子力発電所では基準地震動*を見直しました。たとえば関西電力管轄の高浜発電所では、従来550gal（ガル）としていたものを700gal（ガル）と見直しています。

　また、官公庁舎や駅、学校、劇場、百貨店など多数の人が利用する建築物や、1981（昭和56）年以前に建築された比較的古い建物などは耐震診断が推奨されています。この診断では「Is（アイエス）（Seismic Index of Structure：構造耐震指標）」という指標を使用して、Isが0.6以上であることが望ましいとされています。

* 安全評価の基準とする揺れをこう呼ぶ。

第 10 章　君の名は…単位

➡ 耐震診断とIs値
一般的なIs値の目安
（1995年12月25日、旧建設省による告示）

Is値0.3未満 …………… 地震の震動及び衝撃に対して
倒壊または崩壊する危険性が高い

Is値0.3以上0.6未満 …………… 地震の震動及び衝撃に対して
倒壊または崩壊する危険性がある

Is値0.6以上 …………… 地震の震動及び衝撃に対して
倒壊または崩壊する危険性は低い

地震規模		ランク	被害	
中地震※1	大地震※2		状況（RC造、SRC造）	
↑ Is=0.6 ↓	↑ Is=0.6 ↓	軽微		二次壁の損傷もほとんどない
		小破		二次壁にせん断やひび割れが発生
		中破		柱、耐震壁にせん断やひび割れが発生
		大破		柱の鉄筋が露出したり、座屈
		倒壊		建物の一部または全部が倒壊

※1 震度5強程度。
※2 震度6強以上。

Column
日本人でも意外に知らない F-Scale（エフスケール）の父、藤田哲也

　日本には、ノーベル賞受賞者を含め人類に多大な貢献をした人物がたくさんいます。しかし、藤田哲也博士を知らない人は多いのではないでしょうか。

　アメリカでは「Mr. Tornado（ミスター・トルネード）」や「Dr. Tornado（ドクター・トルネード）」と称されるほど、竜巻の研究で功績を残した気象学者です。さらには、観測実験で得た難解な数式を見やすい立体図などで解説してしまうことから「気象界のディズニー」とも呼ばれていたとか。同氏は九州工業大学工学部機械科で博士号を取得したのち、東京大学で理学博士号を取得し、シカゴ大学の教授として招かれ渡米しました。

　その後、1971年に、竜巻の強さと被害の関係を表す「Fujita-Pearson Tornado Scale（通称F-Scale〈エフスケール〉）」を発表しました。NWS（National Weather Service：アメリカ国立気象局）で採用され、現在でもこれを応用*したものが使われているほどです。また、ダウンバースト（下降噴流）の研究でも知られ、自然災害だけでなく、航空機事故から人々を守ることに大きく貢献しました。

　その研究成果は高く評価され、フランス航空宇宙アカデミーの金メダル**をはじめ、多くの賞を授与されています。その貢献度は「もしノーベル賞に『気象学賞』があれば、藤田博士は確実に受賞したであろう」と評価され、シカゴ大学で90名を超えるノーベル賞受賞学者と同等の待遇を受けていたほど。その一方、テレビのインタビューで「竜巻がきたらどうしますか？」と聞かれると「カメラをもって屋根に上る」と答えるような人でした。そうした人柄も欧米で有名な理由かもしれません。

　* 「EF-Scale（Enhanced Fujita Scale）=改良藤田スケール」と呼ばれる。
　** これは、「気象学のノーベル賞」と呼ばれる。

第11章
そのほかの単位

ここまで、さまざまな単位を取り上げてきましたが、それ以外にも多くの単位があります。本章では、ここまでの分類に含まれない単位、または単位以外の値を示すものについて取り上げます。

「十把一絡げ」の単位
ダース（打）、グロス、グレートグロス、スモールグロス、カートン

　おもに消耗品を表すのに使われる単位に**ダース**があります。漢字（あて字）では**打**と書かれます。かつて筆記具といえば鉛筆とボールペンがその主役で、1箱まとめて買うことも少なくありませんでした。このとき1箱に入っている鉛筆やボールペンは、12本と決まっています。この12本がすなわち1ダースです。

　最近では、個人で鉛筆やボールペンをダースで購入することは少なくなっていますが、野球のボールなどは、相変わらず1箱（袋）1ダースとして販売されています。

　さらに多くのものをひとかたまりとして扱う単位に、**グロス**があります。これは12ダース、すなわち12個（本）の12倍になるので、144個（本）をまとめたものとなります。さらに12グロス（1,728個〈本〉）は**グレートグロス**という単位を用い、120個（本）を**スモールグロス**といいます。

　それでは、ダースといえば必ず「12」の集まりかというと、そうでもないようです。たとえば、イギリスのパン屋さんでは、ダースといえば13個を指します。これは、中世にパンの重さが規定された際、その重さに達していないという客からのクレームを避けるために1つおまけしたことから、現在でも「baker's dozen」（ベイカーズ　ダズン）といって、13個になっているということです。

　このほかに**カートン**があります。身近なところではタバコ10箱が1カートンであることが多いようです。しかし「カートン」はボール紙や段ボール箱を意味するとともに、箱の単位を示すもので、内容量は8〜20個程度となっているだけで、決まった数ではありません。

第 11 章　そのほかの単位

➡「ダース」と「グロス」、そして「グレートグロス」

● 「12」の集まりが「1ダース」

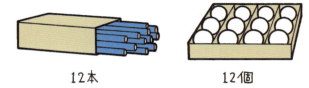

12本　　　　　　　12個

● 12ダースが「1グロス」

● 12グロスが「1グレートグロス」

自分の体で測定したくはない単位
rad、Gy、Sv、rem、mSv

　154ページでは、放射能や放射線量の単位であるBq（ベクレル）やCi（キュリー）を取り上げましたが、その放射線を浴びた場合に体が吸収する量（吸収線量）を示す単位もあります。古くはrad（ラド）という単位が使われていました。1radは0.01J/kg（ジュール毎キログラム）です。現在では国際単位系（SI）の組立単位であるGy（グレイ）が使われます。1Gy（グレイ）は100rad（ラド）に相当します。

　Gyは物質に放射線が照射された場合の吸収量を示しますが、人体を含む生体は、その放射線の種類*により影響度が異なります。そこで、放射線の種類ごとに定められた線量当量（Gy（グレイ）に放射線荷重係数を掛けた値）であるSv（シーベルト）という国際単位系（SI）の単位が使われます。この単位は、原子力発電所の事故が発生した際の報道で耳にしたと思います。Sv（シーベルト）が使われる前にはrem（レム）が一般的に使用されていましたが、1Svは100rem（レム）に相当します。

　人体が放射線にさらされることを「被曝（ひばく）」といいますが、普通に生活していても1年間に2.4mSv（ミリシーベルト）**程度の自然放射線を受けているそうです。この程度では、健康被害が発生するような影響はありませんが、短期間で大量に被曝するとさまざまな健康被害が発生し、最悪の場合、死に至ることがあります。

　なお「ラドン温泉」はラジウムから発生する放射性のラドンガスが含まれた温泉です。微量であれば体によいという説もあり、議論は分かれますが、根強い愛好者がいます。

* α（アルファ）線、β（ベータ）線、γ（ガンマ）線、X線などがある。
** 世界の平均値。

第 11 章 そのほかの単位

➡ 生活の中で受ける放射線

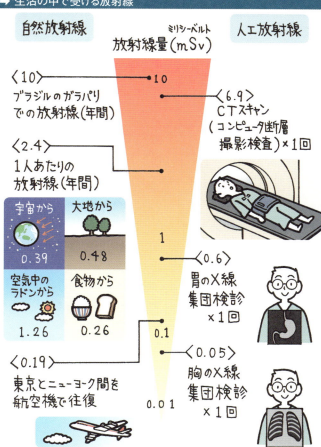

放射線量(mSv) ミリシーベルト

自然放射線 / 人工放射線

〈10〉ブラジルのガラパリでの放射線(年間)

〈6.9〉CTスキャン(コンピュータ断層撮影検査)×1回

〈2.4〉1人あたりの放射線(年間)
- 宇宙から 0.39
- 大地から 0.48
- 空気中のラドンから 1.26
- 食物から 0.26

〈0.6〉胃のX線集団検診 ×1回

〈0.19〉東京とニューヨーク間を航空機で往復

〈0.05〉胸のX線集団検診 ×1回

イチゴとレモンの糖度は同じ?
°Bx、%、度

　訪日外国人が増え、彼らのブログやSNSでの投稿により、「日本ならでは」に気づくことも少なくありません。その1つが「日本の果物は甘い」ということ。日本人としては「そういうもの」と思いがちですが、外国人にとっては驚きの1つであるようです。

　さて、この「甘さ」を表す単位があります。ショ糖度（糖度）と呼ばれる基準です。これは、果物や野菜に含まれるショ糖の質量パーセント濃度を示すもので、Brix（ブリックス）という値で示されます。単位の表記としては、°Bx、%、度が用いられます。

　Brixは、「糖度計」という測定器*で計測します。たとえば、それで「15%」と表示されれば、「100gあたり15gの糖分が含まれている」ということになります。

　そもそもショ糖とは、グルコース（ブドウ糖）とフルクトース（果糖）という2つの糖が結合し、1分子となった糖で、これが多いほど甘いことになります。ただ、「糖度が高ければ、必ず甘いと感じるか」というと、そうではありません。

　たとえば、イチゴは品種によって差があるものの、甘さを感じますよね。その糖度は一般に「8～9度」とのこと。それではレモンはどうでしょう。「レモンは甘い」と認識している人は少ないでしょう。それでもレモンの糖度は「7～8度」であり、イチゴとほとんど変わらないのです。これは「酸度」の違いによるものです。イチゴとレモンでは酸度および糖酸比（糖度と酸度の比率）が異なる**ため、イチゴのほうが甘く感じるのです。人間の舌って不思議ですね。

　　*「屈折糖度計」のほか、「旋光糖度計」「近赤外光糖度計」などの種類がある。
　** これらを測定する「糖酸度計」という機器もある。

第 11 章　そのほかの単位

➡ さまざまな糖度計と糖酸度計

● 屈折糖度計の例

サンプル(汁)を
プリズム面に落とし
接眼部から
のぞくことで
数値を読みとる

● 旋光糖度計の例

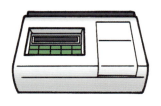

旋光度と屈折率の
両方を一度に測れる
スグレモノもある

● 糖酸度計の例

糖度、酸度、糖酸比、
が測れる
測定対象ごとの
モデルがあり、生産者の
強い味方といえそう

「そんな小さな!」という単位たち
割、分、厘、毛、%、‰、ppm、ppb、ppmv、ppbv、ppt

　私たちは、割合や比率を伝えるのに「〇割」とか「〇%」というように示します。「原稿進んでいますか?」「8割方できてます」などといいますね。あまり聞かれたくはありませんが…。

　それはそれとして、割、分、厘、毛はスポーツにおける勝率などに使われますし、%(百分率)＊も一般的に使われるもので、なじみ深いと思います。しかし、これよりも細かな値を示す単位があるのをご存じですか? たとえば千分率を示す‰です。「ミル」は「千」を意味します。千年紀を意味する「millenium」を思い浮かべると、イメージしやすいかもしれませんね。

　また、百万分率を意味するppmという単位もあります。この単位は「Parts Per Million」の頭文字を取ったもので、おもに化学薬品の濃度を表すのに使います。

　さらに小さな値を示すための十億分率もあります。これは「Parts Per Billion」の略で、ppbという単位です。室内空気中の化学物質濃度などを示すのに使われます。

　ppmやppbは、さらに体積(volume)を表す「v」を加えppmvやppbvとすることで、体積あたりの百万分率や十億分率を表すこともあります。

　ここまできたら、もうひと声…ではありませんが、なんと一兆分率なんて単位もあります。これは「Parts Per Trillion」の略でpptといいます。きわめて微量の物質や微量ガス濃度を計測したり、それを表記するのに使用される単位だそうです。

　以上、さまざまな「率」を示す単位について述べましたが、どれだけ細かなものを示すのか、イメージできないかもしれませんね。

第 11 章　そのほかの単位

そこで、その母数となる値を例示してみることにします。1%は、ミントタブレット2箱分の中の1粒程度です。これは、容易にイメージできますね。これが1‰になると、サプリメントの大きめの瓶、1本の中の1粒程度。ppb、pptは、それぞれ1袋10kgのお米2千袋と2百万袋の中の米粒を想像するといいですね。

こうしてみると、それぞれがいかに細かな値を示す単位なのかが、イメージできるのではないでしょうか？

* あまり一般的ではないが「Parts Per Cent」の略で「ppc」という単位で呼ばれることも。
** 「プロミル」とも呼ばれる。

➡ さまざまな割合の母数

パーセント
％

ミントタブレット2箱の中の1粒

パーミル
‰

健康補助食品1瓶の中の1粒

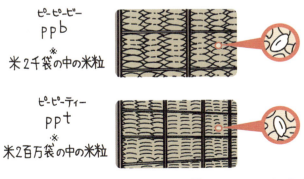

ピーピービー
ppb
米2千袋※の中の米粒

ピーピーティー
ppt
米2百万袋※の中の米粒

※ 1袋 = 10kg ≒ 50万粒

「経済の単位」と呼べるかも
日本円、米ドル、ユーロ、英ポンド、スイスフラン

　経済社会においてなくてはならないもの…ともいえる「通貨*」ですが、関係する仕事や外国為替取引を行っている人以外は、海外旅行のときぐらいしか、あまり意識する機会はありません。最近では仮想通貨（ビットコイン）なるものが登場していますが、国家の後ろ盾がない通貨なので、使用するにはリスクがあります。

　日本では「円」が通貨となっていますが、これが採用されたのは1871（明治4）年で、紙幣（日本銀行券）が発行されたのは、1885（明治18）年です。日本語では「えん」と読みますが、ローマ字表記では「YEN」となります。

　そして、通貨には略号があります。日本円であれば「JPY」、米ドルであれば「USD」、ヨーロッパの統一通貨であれば「EUR」です。これは、ISO4217で定められているもので、先頭から2文字が「国」を表し、おしまいの1文字が通貨の呼称を意味するというのが原則です。しかし「EUR」は例外になっています。

　通貨は「メジャー通貨」と「マイナー通貨」に分類できます。前者は「主要通貨」とも呼ばれ、世界中の外国為替市場で取り引きされる通貨で、取引量も、取引参加者も多い通貨を指します。日本円、米ドル、ユーロ、英ポンド、スイスフランを指すようですが、固定的な分類ではないため、これに加えてオーストラリアドル、カナダドル、ニュージーランドドルを含めることもあるようです。それ以外はすべて「マイナー通貨」となります。

　ちなみにときどき、「通貨スワップ」という言葉を耳にします。これは、複数国の中央銀行が、自国の通貨危機の発生に備えて、自国通貨の預け入れや債券の担保などと引き換えに、一定レー

第 11 章 そのほかの単位

トで協定相手国の通貨を融通し合う協定のことです。日本は、アメリカ、イギリス、欧州連合と無制限そして無期限の通貨スワップ協定を締結しています。

* 正確には「流通貨幣」であり、「通貨」は略称。

➡ メジャー通貨の例

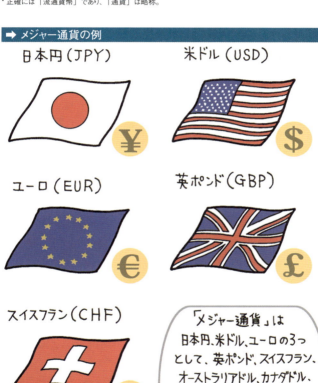

日本円（JPY）
米ドル（USD）
ユーロ（EUR）
英ポンド（GBP）
スイスフラン（CHF）

「メジャー通貨」は日本円、米ドル、ユーロの3つとして、英ポンド、スイスフラン、オーストラリアドル、カナダドル、ニュージーランドドルは「準メジャー通貨」に分類することもあります

見えないものを数える、6番目のSI基本単位
mol

　国際単位系(SI)の基本単位は、どんな場面で使用するものなのかが直感的にイメージできるものがほとんどです。しかし、mol（モル）という物質量の単位だけは、日常的に使用する場面はありません。そもそも重さ(質量)の単位と物質量の単位を別にする理由があるのか疑問ですし、物質量なんて見たことがありませんから。

　それもそのはず、物質量とは、目に見えない原子や分子など*のかたまりを意味するのです。原子や分子を「ある決まった数」集めた物質の量、それが物質量です。

　それでは「ある決まった数とはいくつなのか」が問題です。これは「6.02×10^{23}**」であり、イタリアの物理学者であり化学者でもあるアメデオ・アボガドロにちなんで「アボガドロ定数」と呼ばれる値です。つまり、なんらかの原子や分子が「6.02×10^{23}」個集まったものが1mol（モル）です。

　1molの質量は、原子量や分子量にg（グラム）をつけた値と同じになります。それなら、わざわざmol（モル）という単位を使用する必要はなさそうです。実際、molを基本単位にするかの議論にあたって、「物質量は質量に比例するのだから、kg（キログラム）で表すべき」といった意見があったようです。しかし、イオン結合や金属結合などによる物質は分子と呼べるものがないため、物質量を表すのに不便です。こうしたことから、mol（モル）は化学の分野で基本となる単位であり、物質量を表すための重要な単位であることから、1971年に国際度量衡総会で採択されたのです。

　そして現在は、化学の授業、あるいは実験や研究などの場でなくてはならない単位となっています。

第 11 章　そのほかの単位

なお、アボガドロが行った実験により、標準状態***にある場合、アンモニアなどを除く多くの気体で1mol（モル）はほぼ22.4L（リットル）であることが証明されています。

* イオン、電子などの粒子、あるいはそれらの組み合わせにも使用する。
** 質量数12の炭素原子12g（グラム）をひとかたまりとして、原子の数がいくつあるのかを計算して得られた値。
*** 0℃、1atm（気圧）の状態をこう呼ぶ。

➡ 1mol（モル）の粒子数、質量、体積

炭素原子　酸素原子　水分子　水素イオン

12 g　16 g　18 g　1 g

1山の個数は同じ（6.02×10^{23}）個

原子量、分子量、式量の数値にg（グラム）をつけると1mol（モル）の質量になる

物質量	1 mol（モル）
粒子の数	6.02×10^{23} 個
質量	（原子量／分子量／式量）g（グラム）
気体の体積	22.4 L（リットル）（標準状態）

まとめると、こうなります

ある日突然、使われなくなった圧力の単位
mb、hPa、Pa

　単位は、基本的になくなることはありませんが、使用されなくなるものはあります。たとえばmb（ミリバール）という単位は、かつて台風の中心気圧を示す単位として使われていました。気象学の分野では、世界的にmb（ミリバール）を単位として測定されています。国内においても気象学のほか一般気象業務および海洋気象業務ではmb（ミリバール）を使用することとなっており、1974年に制定された「海上における人命の安全のための国際条約」(SOLAS条約)では、「船舶による気象および水象の観測の成果をmb（ミリバール）で通報すること」と規定されていいます。

　これだけ世界中で使用されていたmb（ミリバール）という単位が、国内では1992(平成4)年12月1日に変更され、12月4日以降はhPa（ヘクトパスカル）という単位に変更されたのです。

　近年、計量単位を使用するときには、国際単位系(SI)を使用するという流れになっており、台風の中心気圧を示すのにもhPa（ヘクトパスカル）を使用することになりました。mbからhPa（ヘクトパスカル）への変更は、1991(平成3)年8月に行われた測量行政審議会において計量単位のSI化などの答申が出されたことを受けてのことです。

　一般に、単位が変更されると換算が必要となり、混乱を招くことになりがちです。しかし、mb（ミリバール）とhPa（ヘクトパスカル）は同じ値となるので換算が不要であり、円滑に移行することができました。

　なお、hPa（ヘクトパスカル）は組立単位*です。その中に含まれるPa（パスカル）という単位は、フランスの物理学者であり、多くの肩書きをもつブレーズ・パスカルに由来します。「パスカルの原理」といったら、聞いたことがありますね。これは、自動車やバイクの油圧ブレーキをはじめ、小さな力を増幅する装置に応用されています。

* くわしくは、22ページ参照。

第 11 章 そのほかの単位

➡ 身近な圧力の単位

$$1\,mb = 100\,Pa = 1\,hPa = 0.1\,kPa$$
$$1013\,hPa ≒ 1\,気圧$$

通信量の単位
GB、B、kB、MB、Mbps、MB/s

　スマートフォン所有率は2017年6月時点で78%*を占めるそうです。たしかに、東京都内の電車の中では多くの人がスマートフォンの画面を見ています。

　スマートフォンを屋外で使用するには、基本的に通信事業者に回線利用料を支払う必要があります。この費用の基準となるのが通信量**です。一般にGB（ギガバイト）という単位が使われますね。

　Gは国際単位（SI）の「接頭辞」（185ページ参照）であり、B（バイト）は「byte」の略で、データ通信量または情報量を示す単位です。もう1つ、bit（ビット）という単位もあります。8bit***が1B（バイト）です。そして1Bの約千倍が1kB（キロバイト）、百万倍が約1MB（メガバイト）、10億倍が約1GB（ギガバイト）となります。日常的な会話で「今月、通信量が3ギガ超えた…」などということがありますが、通信量としては途方もない値になります。

　さて、似たような会話で「自宅の回線速度はどれくらい？」という質問に対して「100メガだよ」といった回答がなされることがあります。このときの「メガ」そのものは接頭辞「M」（メガ）のことで、単位を補って表すと「100Mbps（メガビーピーエス）」となります。これは、「12.5MB/s（メガバイト毎秒）」に相当します。つまり、1秒間に（最大で）12.5MBの通信が可能な回線を契約しているという意味になります。これは通信量ではなく、データ伝送速度****を示すものとなるわけですね。

　日々リッチなコンテンツが増加する状況にあるわけですが、単位をテーマにした書籍の著者（伊藤）としては、「Y」（ヨタ）の接頭辞で表すことができないほどの通信量やデータ伝送速度を扱うことになったらどうなるんだろうか…ということに興味があります。

---

* 2017年6月20日づけメディア環境研究所の発表。
** 非常に複雑な各種割引があるので、それだけとはいえないが、それはそれとして…。
*** 本来1Bは、8bitと固定されたものではないが、歴史的な背景を踏まえ、通信分野では8bitで1Bとするのが一般的。
**** 正確には「帯域幅」となる。

第 11 章 そのほかの単位

➡ データ記録媒体の容量あれこれ

● フロッピーディスク

80 kB (キロバイト)
～
1.44 MB (メガバイト)

● MO (光磁気) ディスク

128 MB (メガバイト)
～
2.3 GB (ギガバイト)

● USBメモリー

16 MB (メガバイト)
～

● SDカード

16 MB (メガバイト)
～

メモリーカードは2017年現在最大容量2TB (テラバイト) の規格になっていますが、今後、もっと増えるかも…

Column

マグロの単位？
匹、本、丁、塊、柵、切、貫

　稚魚から成魚まで、成長につれて異なる名前で呼ばれる魚を「出世魚」といいますが、状況（状態）により数え方が異なる魚もいます。たとえば、マグロです。マグロを食材としてとらえると、以下のような数え方になります。

➡ マグロの数え方はこのように移り変わる

生きている段階＝匹

水揚げされて取引される段階＝本

頭と背骨を落とし、半身に解体された半分＝丁

ブロック状にした状態＝塊

塊を切り分けた状態＝柵

一口大に切り分けた状態＝切

寿司ねたになった状態＝貫

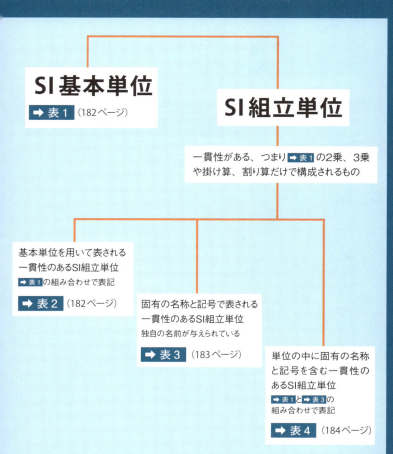

➡ 表1 SI基本単位

量	記号	名称	参照ページ
長さ	m	メートル	22、44、58
質量	kg	キログラム	22、62
時間	s	秒	22、59、98
電流	A	アンペア	22、158
熱力学温度	K	ケルビン	22、130
物質量	mol	モル	22、174
光度	cd	カンデラ	22、136

➡ 表2 基本単位を用いて表される一貫性のあるSI組立単位の例

量	記号	名称	参照ページ
面積	m^2	平方メートル	22、78、80
体積	m^3	立方メートル	17、22
速さ、速度	m/s	メートル毎秒	116
加速度	m/s^2	メートル毎秒毎秒	152
波数	m^{-1}	毎メートル	—
密度、質量密度	kg/m^3	キログラム毎立方メートル	—
面密度	kg/m^2	キログラム毎平方メートル	—
比体積	m^3/kg	立方メートル毎キログラム	—
電流密度	A/m^2	アンペア毎平方メートル	—
磁界の強さ	A/m	アンペア毎メートル	—
量濃度(物質濃度)、濃度	mol/m^3	モル毎立方メートル	—
質量濃度	kg/m^3	キログラム毎立方メートル	—
輝度	cd/m^2	カンデラ毎平方メートル	142

➡ 表3 固有の名称と記号で表される一貫性のあるSI組立単位の例

量	記号	名称	他のSI単位による表記	SI基本単位による表記	参照ページ
平面角	rad	ラジアン	–	m/m	90
立体角	sr	ステラジアン	–	m^2/m^2	90
周波数	Hz	ヘルツ	–	s^{-1}	126
力	N	ニュートン	–	$m\ kg\ s^{-2}$	24、110、152
圧力、応力	Pa	パスカル	N/m^2	$m^{-1}\ kg\ s^{-2}$	176
エネルギー、仕事、熱量	J	ジュール	N m	$m^2\ kg\ s^{-2}$	106
仕事率、工率、放射束	W	ワット	J/s	$m^2\ kg\ s^{-3}$	106、158
電荷、電気量	C	クーロン	–	s A	158
電位差(電圧)、起電力	V	ボルト	W/A	$m^2\ kg\ s^{-3}\ A^{-1}$	158
静電容量	F	ファラド	C/V	$m^{-2}\ kg^{-1}\ s^4\ A^2$	–
電気抵抗	Ω	オーム	V/A	$m^2\ kg\ s^{-3}\ A^{-2}$	24、158
コンダクタンス	S	ジーメンス	A/V	$m^{-2}\ kg^{-1}\ s^3\ A^2$	–
磁束	Wb	ウェーバ	Vs	$m^2\ kg\ s^{-2}\ A^{-1}$	–
磁束密度	T	テスラ	Wb/m^2	$kg\ s^{-2}\ A^{-1}$	–
インダクタンス	H	ヘンリー	Wb/A	$m^2\ kg\ s^{-2}\ A^{-2}$	–
セルシウス温度	℃	セルシウス度	K	–	132
光束	lm	ルーメン	cd sr	cd	140
照度	lx	ルクス	lm/m^2	$m^{-2}\ cd$	138
放射性核種の放射能	Bq	ベクレル	–	s^{-1}	154
吸収線量、比エネルギー分与、カーマ	Gy	グレイ	J/kg	$m^2\ s^{-2}$	166
線量当量、周辺線量当量、方向性線量当量、個人線量当量	Sv	シーベルト	J/kg	$m^2\ s^{-2}$	156、166
酵素活性	Kat	カタール	–	$s^{-1}\ mol$	–

➡ 表4 単位の中に固有の名称と記号を含む一貫性のあるSI組立単位の例

量	記号	名称	SI基本単位による表記	参照ページ
粘度	Pa s	パスカル秒	m^{-1} kg s^{-1}	–
力のモーメント	N m	ニュートンメートル	m^2 kg s^{-2}	22、110
表面張力	N/m	ニュートン毎メートル	kg s^{-2}	–
角速度	rad/s	ラジアン毎秒	m m^{-1} s^{-1} = s^{-1}	–
角加速度	rad/s^2	ラジアン毎秒毎秒	m m^{-1} s^{-2} = s^{-2}	–
熱流密度、放射照度	W/m^2	ワット毎平方メートル	kg s^{-3}	–
熱容量、エントロピー	J/K	ジュール毎ケルビン	m^2 kg s^{-2} K^{-1}	–
比熱容量、比エントロピー	J/(kg K)	ジュール毎キログラム毎ケルビン	m^2 s^{-2} K^{-1}	–
比エネルギー	J/kg	ジュール毎キログラム	m^2 s^{-2}	166
熱伝導率	W/(m K)	ワット毎メートル毎ケルビン	m kg s^{-3} K^{-1}	–
体積エネルギー	J/m^3	ジュール毎立方メートル	m^{-1} kg s^{-2}	–
電界の強さ	V/m	ボルト毎メートル	m kg s^{-3} A^{-1}	–
電荷密度	C/m^3	クーロン毎立方メートル	m^{-3} s A	–
表面電荷	C/m^2	クーロン毎平方メートル	m^{-2} s A	–
電束密度、電気変位	C/m^2	クーロン毎平方メートル	m^{-2} s A	–
誘電率	F/m	ファラド毎メートル	m^{-3} kg^{-1} s^4 A^2	–
透磁率	H/m	ヘンリー毎メートル	m kg s^{-2} A^{-2}	–
モルエネルギー	J/mol	ジュール毎モル	m^2 kg s^{-2} mol^{-1}	–
モルエントロピー、モル熱容量	J/(mol K)	ジュール毎モル毎ケルビン	m^2 kg s^{-2} K^{-1} mol^{-1}	–
照射線量（X線およびγ線）	C/kg	クーロン毎キログラム	kg^{-1} s A	156
吸収線量率	Gy/s	グレイ毎秒	m^2 s^{-3}	–
放射強度	W/sr	ワット毎ステラジアン	m^4 m^{-2} kg s^{-3} = m^2 kg s^{-3}	–
放射輝度	W/(m^2 sr)	ワット毎平方メートル毎ステラジアン	m^2 m^{-2} kg s^{-3} = kg s^{-3}	–
酵素活性濃度	Kat/m^3	カタール毎立方メートル	m^{-3} s^{-1} mol	–

単位を便利にする「接頭辞」

本書の至るところに登場する人気者（？）が接頭辞です。国際単位系（SI）では基本単位に接頭辞をつけることで、値の大小を表すことができます。

国際単位系の接頭辞、および使用される記号と意味を表にまとめます。

➡ 国際単位系（SI）の接頭辞

接頭辞	記号	10^n	十進数表記
ヨタ yotta	Y	10^{24}	1,000,000,000,000,000,000,000,000
ゼタ zetta	Z	10^{21}	1,000,000,000,000,000,000,000
エクサ exa	E	10^{18}	1,000,000,000,000,000,000
ペタ peta	P	10^{15}	1,000,000,000,000,000
テラ tera	T	10^{12}	1,000,000,000,000
ギガ giga	G	10^{9}	1,000,000,000
メガ mega	M	10^{6}	1,000,000
キロ kilo	k	10^{3}	1,000
ヘクト hecto	h	10^{2}	100
デカ deca / デカ deka	da	10^{1}	10
		10^{0}	1
デシ deci	d	10^{-1}	0.1
センチ centi	c	10^{-2}	0.01
ミリ milli	m	10^{-3}	0.001
マイクロ micro	μ	10^{-6}	0.000 001
ナノ nano	n	10^{-9}	0.000 000 001
ピコ pico	p	10^{-12}	0.000 000 000 001
フェムト femto	f	10^{-15}	0.000 000 000 000 001
アト atto	a	10^{-18}	0.000 000 000 000 000 001
ゼプト zepto	z	10^{-21}	0.000 000 000 000 000 000 001
ヨクト yocto	y	10^{-24}	0.000 000 000 000 000 000 000 001

おわりに

　想像してみてください。もし「単位」を使わずに1日を過ごすとしたら…。実際に試してみました。

「おはよう、今日は雨が降りそうだね」
「外出するならカサがいりますかね？」
「うん、天気予報では降水確率70％って…」（あ、もう使ってしまった）

「○○さんとの打ち合わせ、いつにしますか？」
「今のところ、しあさってなら空いているかな」
「わかりました。先方の都合を確認します」
　そして翌日…
「あさっての15日で大丈夫だそうですが、午後2時からにしてほしいそうです」（…あれ？　日時も単位だ）

　どうも会社に行く日は無理なようです。では気を取り直して、休日ならどうでしょうか。先日、久しぶりに会う友達とランチをしました。

「久しぶりだね、元気だった？」
「うん、元気だよ。私、外食するの本当に久しぶり」
「そっかー、赤ちゃんいるもんね。ちょっと見ない間に大き

くなったね。何か月だっけ?」
「8か月だよ、すごく食べるんだよ。おかげで体重も8キロくらいでさー」

　やはり、何かにつけて知らないうちに単位を使ってしまうようです。

　では、休日、誰にも会わず、家から出なければ単位を使わずに過ごせるのではないかと考え、「よし、明日は単位なしで過ごしてみよう」と思いましたが、目が覚めた瞬間、無意識に時計を見てしまいました…。

　無人島で外とのかかわりを断ち、たった1人で自給自足の生活を送る、ということでもなければ、単位なしの生活はできそうにありませんね。

　そんな「単位」について、原稿を書く機会をいただき、大変奥深い世界を垣間見ることができました。このような機会をくださった皆様に感謝します。そして、この本を手に取っていただき、ありがとうございます。

2017年12月　寒川陽美

本書に登場する単位の例

記号で始まるもの

％(パーセント)	168、170
‰(パーミル)	170
°Bx(ブリックス)	168
℃(ドシー)	132
°F(ドエフ)	132

英字(アルファベット順)

a(アール)	78
A(アンペア)	158
ac(エーカー)	36、80
B(バイト)	178
barrel(バレル/バーレル)	82
Bq(ベクレル)	154
C(クーロン)	158
C/kg(クーロン毎キログラム)	156
cal(カロリー)	112
carat(カラット)	68
cc(シーシー)	86
cd(カンデラ)	136
cd/m² (カンデラ毎平方メートル)	142
centigrade(センチグレード)	132
chain(チェーン)	52
Ci(キュリー)	154
cm(センチメートル)	44
cm³(立方センチメートル)	86
cp(キャンドルパワー)	136
cu.in.(立方インチ)	86
D(ディオプトリ)	148
dB(デシベル)	122
dps(ディーピーエス)	154
erg(エルグ)	110
fl oz(液量オンス)	64
ft(フィート)	48
ft-lb(フィートポンド)	108
furlong(ハロン)	52
F値(エフナンバー)	146
g(グラム)	64
gal(ガル)	160
gallon(ガロン)	82
GB(ギガバイト)	178
GBq(ギガベクレル)	154
GMT(グリニッジ平均時)	94
gon(ゴン)	88
gr(グレーン)	74、136
grade(グレード)	88
gradian(グラディアン)	88
Gy(グレイ)	166
ha(ヘクタール)	78
HP(エイチピー)	108
hPa(ヘクトパスカル)	176
Hz(ヘルツ)	126
in(インチ)	32、46
inch(インチ)	46
Is(アイエス)	160
J(ジュール)	106、110
JST(日本標準時)	94
K(ケルビン)	130
karat(カラット)	68
kB(キロバイト)	178
kcal(キロカロリー)	112

kg(キログラム)	62
km(キロメートル)	44
km/h(キロメートル毎時)	100
kW(キロワット)	106
kWh(キロワット時)	114
L(リットル)	82、86
lb(ポンド)	72、136
lm(ルーメン)	140
lx(ルクス)	138
M(マグニチュード)	118
m(メートル)	44
m^2(平方メートル)	80
m/s(メートル毎秒)	116
mb(ミリバール)	176
MB(メガバイト)	178
MB/s(メガバイト毎秒)	178
Mbps(メガビーピーエス)	178
Mg(メガグラム)	66
mgal(ミリガル)	160
mile(マイル)	34、52
mL(ミリリットル)	64
mm(ミリメートル)	44
mol(モル)	174
ms(ミリ秒)	98
mSv(ミリシーベルト)	166
N(ニュートン)	110、152
nautical mile(ノーティカル マイル)	52
nm(ナノメートル)	44
ns(ナノ秒)	98
nt(ニト)	142
ounce(オンス)	72
oz(オンス)	72
Pa(パスカル)	176
pc(パーセク)	56

phon(フォン)	122
pm(ピコメートル)	44
ppb(ピービービー)	170
ppbv(ピービービーブイ)	170
ppm(ピービーエム)	170
ppmv(ピービーエムブイ)	170
ppt(ピービーティー)	170
PS(ピーエス)	108
R(レントゲン)	156
rad(ラジアン)	90
rad(ラド)	166
rem(レム)	166
rpm(アールピーエム)	102
rps(アールピーエス)	102
sb(スチルブ)	142
sone(ソーン)	122
sr(ステラジアン)	90
Sv(シーベルト)	166
t(トン)	66
UTC(協定世界時)	94
V(ボルト)	158
W(ワット)	106、114、158
Wh(ワット時)	114
yd(ヤード)	46、48
μm(マイクロメートル)	44
μs(マイクロ秒)	98
Ω(オーム)	158

本書でおもにカタカナ表記(五十音順)

オクターヴ	128
カートン	164
キテ	72
キュービット	32
グレートグロス	164

グロス	164
ゴルータ	36
スタディオン	30
スパン	32
スモールグロス	164
ダース(打)	164
ダブルキュービット	32
ディジット	32
デベン	72
ノット	100
パスス	34
パルム	32
ピース	90
フート	32
ブカー	36
ミリアリウム	34
モルゲン	36
ユゲラム	36
ヨージャナ	36
ローママイル	34

漢字(五十音順)

握(あく)	40
咫(あた)	40
海里(かいり)	100
貫(かん)	70、180
切(きれ)	90、180
斤(きん)	70
間(けん)	50、54
合(ごう)	38、78、84
号(ごう)	90
光年(こうねん)	56
石(こく)	84
斛(こく)	38
国際海里(こくさいかいり)	52
塊(ころ)	180
柵(さく)	180
勺(しゃく)	78、84
尺(しゃく)	38、50、54、70
升(しょう)	38、84
丈(じょう)	38
常(じょう)	40
畳(じょう)	50
帖(じょう)	50
燭(しょく)	136
震度(しんど)	118
寸(すん)	38、50、54
畝(せ)	38、78
尺(せき)	40
台(だい)	90
太陽距離(たいようきょり)	56
反(たん)	78
段(たん)	78
丁(ちょう)	54、78、180
町(ちょう)	54、78
掬(つか)	40
坪(つぼ)	38、78
天文単位(てんもんたんい)	56
斗(と)	38、84
度(ど)	88、168
等級(とうきゅう)	144
馬力(ばりき)	36、108
匹(ひき)	180
秒(びょう)	88
尋(ひろ)	40
分(ぶ)	38、54、70、78、170
歩(ぶ)	38、54、78
風力階級(ふうりょくかいきゅう)	116
分(ふん)	88
畝(ほ)	38、78

本(ほん)	90、180	侖(やく)	38
毛(もう)	170	里(り)	54
匁(もんめ)	70	厘(りん)	70、170
文目(もんめ)	70	割(わり)	170

＊ほかに、暦(96ページ参照)、遮音性(124ページ参照)、通貨(172ページ参照)などについてご紹介しています。

《 参 考 文 献 》

『国際単位系(SI)国際文書第8版』	独立行政法人産業技術総合研究所 計量標準総合センター訳・監修 (2006年)
『トコトンやさしい単位の本』	山川正光著 (日刊工業新聞社、2002年)
『単位171の新知識』	星田直彦著 (講談社、2005年)
『はやわかり単位のしくみ』	星田直彦著 (広分社、2003年)
『図解入門　よくわかる 最新単位の基本と仕組み』	伊藤幸夫・寒川陽美著 (秀和システム、2004年)
『図解雑学　単位のしくみ』	高田誠二著 (ナツメ社、1999年)
『単位の小辞典』	高木仁三郎著 (岩波書店、1985年)
『単位の起源事典』	小泉袈裟勝著 (東京書籍、1982年)
『続単位のいま・むかし』	小泉袈裟勝著 (日本規格協会、1992年)
『身近な単位がわかる絵事典』	村越正則監修 (PHP研究所、2002年)
『数え方の辞典』	飯田朝子著・町田健監修 (小学館、2004年)
『X線室防護のQ&A』	社団法人 日本画像医療システム工業会 (2001年)

＊ほかに、多くのウェブサイトを参考にしています。

サイエンス・アイ新書
SIS-395

http://sciencei.sbcr.jp/

知っておきたい単位の知識 改訂版

身近にあるけれど意外に知らない、驚きの単位ワールドへようこそ！

2008年5月24日　初版第1刷発行
2014年12月5日　初版第5刷発行
2018年1月25日　改訂版第1刷発行

著　者　伊藤幸夫・寒川陽美
発行者　小川　淳
発行所　SBクリエイティブ株式会社
　　　　〒106-0032　東京都港区六本木2-4-5
　　　　電話：03-5549-1201（営業部）
装丁・組版　クニメディア株式会社
印刷・製本　株式会社シナノ パブリッシング プレス

乱丁・落丁本が万が一ございましたら、小社営業部まで着払いにてご送付ください。送料小社負担にてお取り替えいたします。本書の内容の一部あるいは全部を無断で複写（コピー）することは、かたくお断りいたします。本書の内容に関するご質問等は、小社科学書籍編集部まで必ず書面にてご連絡いただきますようお願いいたします。

©伊藤幸夫・寒川陽美　2018 Printed in Japan　ISBN 978-4-7973-9426-9

SB Creative